环境公共治理与公共政策译丛

化学品风险与环境健康安全(EHS)管理丛书子系列

"十三五"国家重点图书

环 境 治 理

[英] J. P. 埃文斯　著

石超艺　主译

华东理工大学出版社

EAST CHINA UNIVERSITY OF SCIENCE AND TECHNOLOGY PRESS

·上海·

图书在版编目(CIP)数据

环境治理 /(英)J.P.埃文斯(J.P.Evans)著；
石超艺主译. —上海：华东理工大学出版社,2020.7
（环境公共治理与公共政策译丛）
书名原文：Environmental Governance
ISBN 978-7-5628-5902-4

Ⅰ.①环…　Ⅱ.①J…②石…　Ⅲ.①环境保护—研究
Ⅳ.①X

中国版本图书馆 CIP 数据核字(2020)第 117872 号

策划编辑 / 刘　军
责任编辑 / 章斯纯　刘　军
装帧设计 / 靳天宇
出版发行 / 华东理工大学出版社有限公司
　　　　　　地址：上海市梅陇路 130 号,200237
　　　　　　电话：021-64250306
　　　　　　网址：www.ecustpress.cn
　　　　　　邮箱：zongbianban@ecustpress.cn
印　　刷 / 江苏凤凰数码印务有限公司
开　　本 / 710 mm×1 000 mm　1/16
印　　张 / 14.75
字　　数 / 244 千字
版　　次 / 2020 年 7 月第 1 版
印　　次 / 2020 年 7 月第 1 次
定　　价 / 88.00 元

学 术 委 员 会

"环境公共治理与公共政策译丛"总序

环境问题已然成为21世纪人类社会关心的重大议题,也是未来若干年我国经济社会发展中需要面对的突出问题。

改革开放以来,经过40年的高速发展,我国经济建设取得了举世瞩目的巨大成就。然而,在"唯GDP"论英雄、唯发展速度论成败的思维导向下,"重发展,轻环保;重生产,轻生态"的情况较为普遍,我国的生态环境受到各种生产活动及城乡生活等造成的复合性污染的不利影响,长期积累的大气、水、土壤等污染的问题日益突出,成为制约我国经济社会可持续发展的瓶颈。社会大众对改善生态环境的呼声不断高涨,加强环境治理的任务已经迫在眉睫。

建设生态文明,关系人民福祉,关乎民族未来。党的十八大把生态文明建设纳入中国特色社会主义事业"五位一体"总体布局,明确提出大力推进生态文明建设,努力建设美丽中国,实现中华民族永续发展。党的十八届五中全会通过的《中共中央关于制定国民经济和社会发展第十三个五年规划的建议》提出了"创新、协调、绿色、开放、共享"五大发展理念,完整构成了我国发展战略的新图景,充分体现了国家治理现代化的新要求。五大发展理念是一个有机联系的整体,其中"绿色"是对我国未来发展的最为"底色"的要求,倡导绿色发展是传统的环境保护观念向环境治理理念的升华,也是加快环境治理体制机制改革创新的契机。

环境是人类生存和发展所必需的物质条件的综合体,既是生态系统的有机组成部分,也可以被视为资源的价值利用过程;而环境污染则是资源利用不当而造成的对环境的消极影响或不利于人类生存和发展的状况,在某些条件下,它会进一步引发公共安全问题。因此,我们必须站在系统性的视角,在环境治理体制机制的改革创新中纳入资源利用、公共安全等因素。进入21世纪以来,国际社会积极探寻环境治理的新模式和新路径,公共治理作为一种新兴的公共管理潮流,呼唤着有关方面探索和走向新的环境公共治理模式。环境公共治理的关键点在于突出环境治理的整体性、系统性特点和要求,推动实现政府、市场和社会之间的协同互动,实现制度、政策和技术之间的功能耦合。

华东理工大学经过 60 多年的发展,在资源与环境领域的基础科学和应用科学研究及学科建设方面具有显著的优势。为顺应时代发展的迫切需要,在服务社会经济发展的同时加快公共管理学科的发展,并形成我校公共管理学科及公共管理硕士(MPA)教育的亮点和特色,根据校内外专家的建议,学校决定将"资源、环境与公共安全管理"作为我校公共管理学科新的特色发展方向,围绕资源环境公共治理的制度创新和政策创新整合学科资源,实现现实状况调研与基础理论研究同步推进,力图在构建我国资源、环境与公共安全管理的理论体系方面取得实质性业绩,刻下"华理"探索的印迹。

作为"资源、环境与公共安全管理"特色方向建设起步阶段的重要步骤,华东理工大学 MPA 教育中心组织了"环境公共治理与公共政策译丛"的翻译工作。本译丛选择的是近年来国际上在环境公共治理和公共政策领域颇具影响力的著作,体现了该领域最新的国际研究进展和研究成果。希望本译丛的翻译出版能为我国资源、环境与公共安全管理领域的学术研究和学科建设提供有益的借鉴。

本译丛作为"十三五"国家重点图书出版规划项目"化学品风险与环境健康安全(EHS)管理丛书"的子系列,得到了华东理工大学资源与环境工程学院于建国教授、刘勇弟教授、汪华林教授、林匡飞教授等的关心和帮助,特别是得到了修光利教授的鼎力支持,体现了环境公共治理所追求的制度、政策和技术整合贯通的理想状态,也体现了全球学科发展综合性、融合性的新趋向。

华东理工大学社会与公共管理学院 MPA 教育中心主任

张 良

2018 年 7 月

前　言

物理学原理应当简单到可以向酒吧服务员解释清楚。

（阿尔伯特·爱因斯坦，1879—1955）

本书起源于一个堪称"普罗诺亚"（pronoia）的罕见机缘，当时感觉整个世界都在促成我动笔。那是 2009 年初夏的一个雨天，我正盯着窗外，思考该如何修改自己教的"环境治理理论"这门课程的一个模块。我当时认为它就像全球气候对话一样，已经很不适用，到了亟待修改的地步。我还在思索为何 7 月的英国还在下雨，窗外的雨水却已汇成小河，气候变化也让我感到行动的紧迫性。正在这个时候，我收到 Routledge Environment 系列丛书的主编戴维·佩帕（David Pepper）发来的电子邮件，他问我是否有兴趣写一本关于"环境治理"的书。这让我觉得是一个天赐良机，就一个极其重要的主题写一本教科书，并为我讲授的这个模块注入新的活力。

环境治理研究的是如何促成集体行动，它在环境研究的日程上地位显赫。对于做出具有约束力的国际承诺以减少高污染活动，各个国家持小心翼翼的态度，而对产业实行直接的监管已经失去人们的青睐，这时治理就成为第三条道路。本书旨在对被称为"环境治理"的领域做一个提纲挈领的介绍，这个领域的观点众多，错综复杂。具体而言，本书将介绍环境治理的重要概念，综合这个领域已被广泛接受以及新近出现的研究成果，梳理出其中的关联内容、共同主题和重要挑战。

对于解决环境问题是否需要治理以及治理的功效，人们远未达成共识。目睹断断续续的气候谈判，比尔·麦克基本（Bill McKibben，2007）认为人们需要找到新的治理模式，而安德鲁·乔丹和蒂姆·奥里欧丹（Andrew Jordan & Tim O'Riordan，2003：223）则直截了当地提出，"必须有更好的方式，但还无人指出这种方式究竟是什么"。虽然任何一个认为缔结具有约束力的气候协定的进展过于缓慢的人都会赞同这个观点，但"里约环保主义已经死去"的断言可能还是有些言过其实。民族国家无论如何都不会在短时间内消失,资本主义或气候变化也不会,因此治理还会长期存在,而对它的过去、现状和未来做出分析,这对所有希望在环境问题上有所行动的人来说都是至关重要的。

探索环境治理这个领域有时就像用一把折叠小刀在丛林里开荒前行。治理就像希腊神话故事里的美杜莎,如果说它曾经是一个美丽的尤物,但它现在早已成为一个多头的怪兽,用自己的凝视诱惑男人,让他们看一眼就变成石头。就好像它还不足以应对各种相互重叠和竞争的思想流派,它就已被用于解决现实世界里存在的越来越多的问题。虽然以"环境治理"为名的书籍为数众多,但至今鲜有综合论述。本书意在填补这一空白,对人们目前正在使用的主要概念和新兴力量进行提炼。

本书并不试图提供完整的材料(没有哪一本概论性的书可以做到这一点),而只是对各种重大挑战以及人们对这些挑战的应对进行简化和解释。它不是按一个个问题予以论述,也不想对环境政策做全面阐述,而是聚集于现行治理实践的重要主题和模式。由于时间紧迫,任务紧急,我是带着爱因斯坦关于酒吧侍女的假设来写这本书的,所以全书浅显易懂。最重要的是,本书努力让读者理解环境治理是推动深刻变革的机会,从而给读者带去希望,而不是绝望。

致　　谢

若未得到众人鼎力相助，并有机会拜访全球各地众多环境机构，且参与他们富有启发的工作，本书就不可能付梓。特别感谢 Stephanie Pincetl 让我驻留加州大学洛杉矶分校的环境与可持续发展研究所，并提供了最为宝贵的事物——思考的空间。感谢大众汽车基金会让我驻留德国并邀请我参加他们的"我们共同的未来"大会；感谢联合国欧洲经济委员会的 Geoffrey Hamilton 和 Andrey Vasilyev，他们分享的信息是如此丰富，并在工作中体现了本书的诸多原则；感谢联合国训练研究所的 Achim Halpaap 的参与；感谢联合国环境规划署工作人员慷慨投入的大量时间和精力。还要感谢全球各地同仁们的支持，特别是伍思特理工学院（Worcester Polytechnic Institute）的 Rob Krueger 以及书稿的匿名评审人。

曼彻斯特大学批准我享受学术休假，让我得以在此期间写完书稿的大部分内容。我还要感谢在那里的同事们，特别是地理系、曼彻斯特建筑研究中心和社会与环境研究组，他们给了我无私的支持和思想的启迪。英国皇家地理学会也值得致谢，该学会给了我一笔小额资助，让我得以开辟全新的研究领域。

本书汇集的许多思想和文献来自我指导博士研究生的经历，因此要感谢已经毕业和在读的学生们贡献的智慧。特别要感谢曼彻斯特环境治理项目已经毕业的所有硕士，他们勇敢地跟我一起探索本书涉及的大部分思想和研究领域（还有很多部分本书并非覆盖）。最后，特别要感谢始终支持和鼓励我的家人和朋友们。你们知道自己是什么样的人，没有你们我将一事无成。

缩 写 和 简 称

AGGG	Advisory Group on Greenhouse Gases	温室气体问题咨询小组
ANT	actor network theory	行动者网络理论
CCS	carbon capture and storage	碳捕获与存储
C40	Cities Climate Leadership Group	城市气候领导小组
CDM	Clean Development Mechanism	清洁发展机制
CEO	chief executive officer	首席执行官
CFC	chloro-fluoro-carbons	氟氯烃
CITES	Convention on International Trade in Endangered Species	濒危物种国际贸易公约
CO_2e	carbon dioxide equivalent	二氧化碳当量
CoP	Conference of the Parties	成员国大会
CSR	corporate social responsibility	企业社会责任
DAD	Decide Announce Defend	决策—宣布—捍卫
DDT	dichlorodiphenyltrichloroethane	滴滴涕
EU	European Union	欧盟
FAO	Food and Agriculture Organization	食物和农业组织
FSC	Forestry Stewardship Council	森林管理委员会
G20	Group of 20	20国集团
GDP	gross domestic product	国内生产总值
GEF	Global Environmental Facility	全球环境基金
GRI	Global Reporting Initiative	全球报告倡议组织
ICSU	International Council for Scientific Unions	国际科学联合会
ICT	information communications technology	信息通信技术

1

IPCC	Intergovernmental Panel on Climate Change	政府间气候变化专门委员会
LULU	locally unwanted land use	不受当地欢迎的土地使用
MDG	Millennium Development Goals	联合国千年发展目标
MIT	Massachusetts Institute of Technology	麻省理工学院
MUM	Meet Understand Modify	接触—理解—调整
NEPI	New Environmental Policy Instrument	新环境政策工具
NGO	non-governmental organization	非政府组织
NPM	New Public Management	新公共管理
OECD	Organization for Economic Coordination and Development	经济合作与发展组织
QUANGO	quasi non-governmental organization	半自治非政府组织
ppm	parts per million	百万分之
REDD	reduce emissions from deforestation and degradation	减少毁林和退化所致的排放
REN21	Renewable Energy Policy Network for the 21st Century	21世纪可再生能源政策网络
SES	Social-ecological system	社会—生态系统
ST	socio-technical	社会技术
UK	United Kingdom	英国
UN	United Nations	联合国
UNECE	United Nations Economic Commission for Europe	联合国欧洲经济委员会
UNEP	United Nations Environment Programme	联合国环境规划署
UNESCO	United Nations Educational, Scientific and Cultural Organization	联合国教科文组织
UNFCCC	United Nations Framework Convention on Climate Change	联合国气候变化框架公约
USA	United States of America	美国

US EPA	United States Environmental Protection Agency	美国环境保护署
WCED	World Commission on Environment and Development	世界环境与发展委员会
WHO	World Health Organization	世界卫生组织
WMO	World Meteorological Organization	世界气象组织
WTO	World Trade Organization	世界贸易组织

目　　录

第一章　导　　论

学完本章之后你应该可以：

● 领会环境问题已经面临治理危机；

● 明确治理的特点；

● 识别环境治理面临的主要挑战和机会；

● 了解本书的结构和范围。

伏尔泰的雪花

雪崩时，没有一片雪花觉得自己有责任。

（伏尔泰，1694—1778）

正如伏尔泰笔下雪崩时的雪花，环境问题是由所有人造成的，但是没有一个人认为那是自己的问题。对于这个困境，沃特·凯利（Walt Kelly）有过精辟的总结。他在 1970 年为"地球日"设计的那张著名海报里写道："我们已经找到敌人，他就是我们自己。"本章介绍的是环境治理如何推动社会当中的各个不同群体——包括企业、非政府组织（NGO）、政府组织和公众——采取集体行动，从而应对环境问题。

本章首先讨论的是环境问题已经成为治理危机，或者说人类的社会和经济组织方式没有做到对环境不造成破坏。作为指引和推动集体行动的过程，治理对于改变社会的组织方式有着至关重要的作用。

其次，本章讨论不确定性对于环境治理者的意义，以及不确定性带来的改变机会。尽管协调行动的挑战巨大，但也有无数事例可以给人们很好的启发。

本章最后介绍了本书的结构和范围,说明了本书使用的研究方法,阐述了各章的概要内容,并对书中的各种副栏和学习工具做了解释。

环境治理危机

政府间气候变化专门委员会(IPCC)2001 年《第三次评估报告》的领衔作者迈克·休姆(Mike Hulme,2009:310)最近指出,气候变化是"治理危机……而非环境危机或者市场失灵"。成立于 1988 年的政府间气候变化专门委员会收集了大量的证据,意在探测全球气候是否正在变暖,以及判断变暖是否是人类污染所致。在该组织 2007 年出版第四次评估报告之后,人们普遍认为这两个问题的答案都是确凿无疑的一个"是"字:气候正在变暖,人类的确有责。

关于气候变暖的各种分析尽管在预测时间上存在差异,但都全部明确指出:如果人类不改变现有的经济发展方式,那么在 21 世纪结束之前,人类将面临重大环境危机。换句话说,"一如既往"将把人类推下悬崖。美国政府在 2009 年同意加入气候变化谈判,说明这项科学研究已经得到广泛接纳。可是,各国在哥本哈根回合谈判又没有达到减排协议,这又如何解释?换言之,如果科学研究已经预测危机即将来临,为何我们看似无法采取行动?(Zizek,2008)

一种普遍的解释是,我们尚未掌握消除气候变化根源所需要的技术手段。但实际上,我们针对高污染行业已有大量的解决方案,如电动汽车、风力发电、可生物降解塑料袋、负碳排放房屋等。以推动沙漠太阳能发电为使命的非政府组织沙漠技术基金会(Desertec Foundation)估算,在全球沙漠约 300 平方千米的区域安装太阳能面板,其所产生的电力就能满足目前全球的能源需求。既然这些技术的潜能如此巨大,那为什么没有得到采纳?

有人说是经济方面的原因,替代能源技术的初装和运行费用高昂。虽然它们的确比传统能源技术的成本高得多,但这个解释同样站不住脚。世界各国政府对石油、工业化农业和汽车制造等高污染行业的补贴,每年至少达到 20 000 亿美元。这些所谓的"顽固性"补贴,实际上与许多政治优先事项背道而驰。例如,美国政府对汽油价格的补贴,会导致美国更长时间内依赖进口,妨碍清洁技术的发展,助长交通拥堵(每年的社会成本估计高达 1 000 亿美元),提高碳排放量和损害空气质量(Myers & Kent,2001)。此外,2008 年金融危机告诉人们,在应对真正的紧急情况时,根本就不会缺钱。

出现这些明显自相矛盾的情况,真正的原因是气候变化本质上并非是对一个科学或者技术的挑战,而是对政治、社会和经济的挑战。例如,北非开发太阳能发电的最大障碍是,欧洲不愿意与非洲国家合作发电。应用新技术的最大挑战是,人们在经济上和社会上已经深陷之前的技术当中。改变技术发展道路,首先需要改变人们根深蒂固的观念和习惯,这需要政治智慧。利普舒兹(Lipschutz)对这个问题做出了精确又恰当的评论:"不能单纯将环境变化视为一个生物地球的物理现象……还应把它看成一个社会现象。"(1996:4)

治理的定义

作为一门关于如何指引社会与环境之间关系的研究,环境治理是这一任务的核心。治理没有唯一的定义,但它总体上意味着"对社会的不同部门或方面有目的地向某些方向进行指引、控制或管理"(Kooiman,1993:2)。就像肯普等人(Kemp et al.,2005:26)在谈及环境时所言:"我们不能想当然地认为市场有这样的智慧,或者相信其他隐藏的机制。我们也不能想象谁有施行中央集权所需的坚定信念和无所不知的能力。我们在为了可持续发展而建立有效的治理时,必须吸纳并且超越商业和命令的力量——完成这个任务的最佳方式是理解、引导和注重过程。"治理可以用共同的目标把市场和政府这两种力量吸纳进来,形成更加宽广的指引过程,从而在市场和政府这两极之外提供第三条道路。

治理不仅包括政府行为,还涉及政府以外的行动者或者利益相关者,包括慈善组织、非政府组织、企业和公众等。这可以为解决问题汇集更多资源,并为最终决策争取最大的支持。绝大多数理论家认为,"政府在治理过程中扮演的角色受情境的影响比过去大得多"(Pierre & Stoker,2002:29),从划桨人变成了掌舵人(Rhodes,1997)。传统的政府管理虽然也是治理的一种形式(Bulkeley & Kern,2006),但本书专门讨论的是涉及非政府行动者的治理(政府有时也包含在内)。

治理的运行机制是设立共同目标,让不同行动者找到达成目标的最佳方式。于是,很多治理工作就交给了非政府行动者去完成,并出现了许多全新的治理方式。一些人认为,全球化的力量削弱了传统的经济和政治手段的作用,在这样一个越来越难以控制的世界中,治理是唯一的办法(Herod et al.,1998)。另一些人认为,治理是用程序主义代替民主,因此对政治造成了损害(Lowndes，2001)。这个争辩也延伸到了环境领域，并且贯穿本书的始终。

治理这一概念形成于多个不同的历史时期和学科领域，被用来阐述许多相关但不尽相同的领域所发生的变化，从而给这一概念的使用造成了一些混淆。库伊曼(Kooiman，1999)在文献综述里列出了这个词的十种不同用法：

治理意指最小政府。治理用来指代减少政府对民众事务的干预程度和形式，它跟弱化政府作用的新自由主义相关。

公司治理。它指的是大公司的管理和控制方式，而非日常的经营方式。

治理意指新公共管理。它指的是将公司管理方法和制度经济学引入公共部门的管理。

善治。它是世界银行力推的检查清单式方法，意在建立透明和负责任的政府。

社会控制式治理。这种形式的治理要求在决策时必须有多个行动者参与，这些行动者应当具备不同的知识和能力。

治理意指自组织网络。政府在这个网络中仅是参与治理的众多行动者之一。

治理意指指引。这是德国与荷兰政府所强调的，政府的角色重在指引、控制和引导不同部门。

治理意指正在形成的国际新秩序。国际关系学者用这个词描述全球治理体系。

经济治理。它只关注经济或经济部门的管理。

治理和治理术。它源自法国学者米歇尔·福柯(Michel Foucault)对现代政府的分析。

此外，还可以增加一种用法：

治理意指一种民主多元主义。它指的是扩大公众在决策过程当中的参与(Kemp et al.，2005)。

上述的多个定义会在后文当中做深入讨论。尽管治理这个词的用法众多，而且围绕这个概念有许多争论，但是它切实反映了社会管理当中有越来越多的集体行动这一变化(Kersbergen & Waarden，2004)。回顾文献发现，人们对治理的三个核心原则是比较认同的：一是致力于通过集体行动提高合法性和效力，二是认可规则对于指导互动行为的重要性，三是承认需要新的、超越政府的行事方式(Kooiman,1999,2000)。

治理的模式多种多样,推动集体行动的方法也不尽相同。网络治理涉及不同利益相关者自愿结成合作关系,意在围绕某个具体的事项取得共识,并形成集体行动的意愿和能力。市场治理则是使用金融工具和激励措施去指引集体行动。本书不聚焦于用来解决环境问题的各种具体工具或方法,而是关注不同的治理模式如何产生不同的集体行动类型和取得不同的成果。

在不集权、不独裁的情况下,通过合作进行治理,对于解决环境问题的作用是显而易见的。因为环境问题通常是全球性的,需要许多不同的人群集体行动。接下来的两节内容介绍的就是集体行动面临的挑战,以及环境问题带来的改变机会。

集体行动的挑战

环境领域的集体行动面临五个重大挑战:第一,科学上的不确定性让决策者在行动上犹豫不决;第二,环境问题的主观性意味着解决方案永远不会是正确的,而只能是在不同群体看来接受度有高有低;第三,很多环境问题在本质上是跨国界的,这意味着需要国际合作;第四,现在的民族国家体制更倾向于培育竞争而非合作(这与第三个挑战密切相关);第五,环境问题复杂,分散在人类活动的许多不同领域,这使得行动变得很难协调。这些挑战值得我们稍做展开。

按照传统的线性模型,政策制定的过程是这样的:研究人员先弄清楚事实,然后决策者依据这些事实决定采取什么行动(Davoudi,2006;Jasanoff & Wynne,1998)。这个模型对政策制定者很有吸引力,因为它意味着可以找到客观现实,并且根据它们做出理性的决策。可是,很少有环境问题可以这样处理,因为它们面临很大的不确定性。

我们用两个事例,一个简单的,一个复杂的,来说明弄清楚环境问题的客观事实有多么困难。海岸线长度的测量看似简单,结果却完全取决于实际使用的尺度。测量加拿大的海岸线长度,如果使用 36 000 千米高的同步卫星拍摄的航片,一些小型海湾就会被完全忽略;如果使用高精度地图,测量结果会大一些;如果有人沿海岸徒步,每一块岩石都围绕着测量,就会得出一个大得多的结果。当然,加拿大的海岸线实际上不会改变,但是我们知道的事实却取决于测试方法这样的主观选择。

如果科学家们想弄懂的是控制全球气候的大气—海洋系统这样极其复

杂的事物,问题就会更加棘手。这里的根本问题是,气候系统本身就存在某种不确定性,也就是它的实际运行机制存在不确定性,而不是我们对它的了解还不够多,而且知识的增长或者计算能力的提升也于事无补。大气物理学家对于云团如何交换能量都还没有建立让人信服的模型,想要破解整个大气的运行机制就更加成问题了(Shackley et al.,1998)。全球气候正是政治家们需要确切了解的系统,可它却是人类认知当中最混乱和最不可预测的系统之一。

然而,就算科学家能够精确测定大气当中二氧化碳的不同含量对环境造成的负面影响,他们也讲不出这种影响或其风险在多大程度上是可以容忍的。例如,如果全球保持现在的经济发展模式不变,那么到 21 世纪末,大气中温室气体的含量预计将达到现在的三倍,于是全球平均气温至少有50%的概率会升高 5℃。人们普遍认为,气温上升 5℃可能触发生态系统崩溃等极端事件发生,但也只是有这种可能性(IPCC,2007)。这就导致科学家们把 2℃作为护栏值(参见关键争论 1.1)。然而,多高的风险水平是可以容忍的,什么样的成本和损害是"可以接受的",却是一个政治问题,不同的人会给出不同的答案。

关键争论 1.1

躲避气候变化的时间表和 2℃护栏

越来越多的科学家和决策者把 2℃作为防护栏,也就是认为气候变暖一旦超过 2℃,就会带来不可承受的后果。科学家们估计,就算大气温度只比工业化之前升高 2℃,生态系统就有 10%的概率发生重大改变。例如,95%的大堡礁消失,53%的苔原生态系统发生改变,1 200万至 2 600 万沿海地区人民无家可归,1 亿到 2.8 亿人的水资源更加紧缺,虫媒病区域扩大,等等(Warren,2006)。因此,全球气温上升不超过 2℃的概率要达到至少 50%,大气当中的二氧化碳当量浓度必须稳定在 400 ppm 左右。所谓二氧化碳当量,是将甲烷、二氧化氮等其他温室气体的排放量换算成致暖效果相同的二氧化碳的排放量。2010 年 8月大气当中的二氧化碳当量浓度是 388.15 ppm,并每年以 2 ppm 的速度上升。以此来看,400 ppm 这个目标值在 2017 年左右就会被突破。

由于气候不会随着二氧化碳浓度升高而立刻产生变化,因此只要能很快降下来,浓度超过 400 ppm 也关系不大。迈因斯豪森(Meinshausen,2006)提出,二氧化碳当量浓度峰值达到 475 ppm,然后在下一个世纪下降到 400 ppm,也可以实现 2℃ 护栏的目标。要想实现这个二氧化碳当量先冲高到超标"峰值"再下降的情景,将全球气温上升的幅度控制在 2℃ 以内,全球温室气体的排放量到 2050 年必须在 1990 年的水平上降低一半,这就要求发达国家将排放量减少 60%～80%,发展中国家随后也要实现类似的减排。按照这个发展轨迹,全球排放量必须在 2010 年至 2020 年之间达到峰值(O'Neil & Oppenheimer, 2002),随后显著下降。相应地,NASA 的气候专家吉姆·汉森(Jim Hansen, 2006)指出,要避免招致危险的气候变化,人类只有 10 年的窗口期。

缺少科学上的确定性,环境问题的定义和解决方案就会因人而异,这就是政策分析人士所称的"无定解问题"(wicked problem)(Rittel & Webber,1973)。这会让决策者陷入一个尴尬的境地:政策永远无对错,只是在不同群体看来接受度有高有低。气候变化显然属于这种类型的问题,人们甚至不能就它是不是一个问题达成共识,更不用说讨论如何解决它(Auld et al.,2007;Levin et al.,即将出版)。例如,强调适应而不是设法减缓气候变化,将给受海平面上升影响最大的发展中国家造成巨大的麻烦,但是,如果走减缓(碳排放量)的道路就会给发达国家造成更大的财政负担,在一些重要的经济领域制造问题。

根据分析气候变化对经济有何影响的《斯特恩报告》(Stern Report),采取强有力的减缓措施以防止发生严重的气候变化,耗费的成本将达到全球 GDP 的 1% 左右(Stern et al.,2006)。但是,将大约 6 000 亿美元的资金投入减缓气候变化方面,会带来相当大的机会成本。这个数字相当于落后国家每年收到的发展援助资金总额的 4 倍(OECD,2010),这些钱本来是用于消除贫困以及提供卫生和教育服务的,而不是用在减少温室气体排放上。政治家在气候变化问题上没有采取实际行动,在很大程度上是因为害怕做出错误的决策。

更糟糕的是,我们没有先例可供借鉴。气候变化对生物圈的潜在影响既重大又新鲜,把人类带到了一个基本陌生的领地(Raudsepp-Hearne et al.，2010）。气候变化过去也发生过，但是人类的适应能力跟气候变化本身一样具有不确定性。一些在其他领域已经得到验证的治理模式，在应对气候变化时也难以借鉴。以联合国安理会为例，该组织的使命是维护世界和平，它应对的是明确的问题（潜在军事冲突），有共同的愿景（和平），只需要把最强大的国家纳入进来（拥有核武器的国家）。相比之下，环境问题就没有这么简单。每一个人既是问题的成因，又是解决方案的一部分；问题本身涉及面很宽，涉及社会的方方面面；人们对什么是理想的结果鲜有共识，更遑论如何达成那些目标。

集体行动理论认为，理性的行动者只要认为合作是正确的，就会采取合作。那么按照这个理论，人类对气候变化的理性应对，就是富裕国家在现有生活水平上做出部分牺牲，帮助欠富裕国家采用清洁技术，从而避免将来所有人的生活水平都大幅度下降。不幸的是，人类历史告诉我们，大多数行动者都会倾向于追求自己的短期利益。

博弈论的"囚徒困境"描绘的就是这种情况。囚徒面临两个选择：保持沉默，或者配合法官以获得宽大处理。按照理性选择理论，每个囚徒都应当保持沉默，这样法官就只能对每个囚徒施加最小的惩罚（黑手党奉行的"沉默"原则就是遵从这个完全理性的逻辑）。可是，每个囚徒都清楚，如果自己保持沉默，而同党供认，那么自己就会受到非常严厉的惩罚。结果，囚徒全都供认，各自收到中等程度的惩罚——以所有人受到的惩罚之和来看这是最坏的结局。这种情形放到温室气体排放上面来看，就是各国继续污染大气，因为大家都不确定，如果自己停止污染，其他国家会不会也停止。因此，集体行动需要行动者相互信任，需要有机制为大家创造确定性。

另一个密切相关的问题是"搭便车"。比方说，多个国家决定采取行动应对气候变化，但是对某个国家来说不参与其中才是理性决策，因为那样既可以享受集体行动的好处，又无须承担任何成本。集体行动还会因为成本和收益分配不均受到损害，这会导致某个国家背弃集体行动，或者屈从于某些团体的压力牺牲更多人的福祉。例如，游说转基因合法化的公司在短期内的收益，会远大于公众因为基因污染所致风险带来的损失，尽管从长远来看社会总成本可能远高于那些公司的收益。由于那些公司的利益及其驱动的行动是高度集中的，而公众的利益及其驱动的行动却是高度分散的，于是一个压力团体就有可能让行动偏离理性的轨道。

环境问题大多会超越现有的政治管辖范围，如酸雨通常会跨越国界，气候变化则是全球性的。在这个由民族国家组成的世界，要协调各国形成解决方案并非易事。现在流行的一个想法是对大气采取地球工程措施,在高空散播一些微粒,把更多的太阳辐射反射回太空,从而减轻地球变暖。研究表明,使用旧军用飞机就能以较低的成本施行这项措施(Royal Society,2009),但是这可能带来许多副作用,其中包括天空不再湛蓝以及臭氧空洞再现。如果没有一个全球性的协调机构,人们是不可能就类似解决方案做出决策的。全球环境问题已经陷入一个奇怪的境地:它已经成为一个没有相应监管或者法律框架的全球治理对象。

几个世纪以来,各国都在通过获取和使用公共资源,竭力谋求经济和政治优势,而国家之间缺少国际合作,这对环境问题的形成起到了不小的推动作用——关键争论 1.2 讨论了这个问题。这会造成一系列的紧张局势,比如发展中国家很难接受在发达国家已经消耗了大部分资源而污染物的排放也占大头的情况下,自己却被要求停止发展经济。就算人们可以接受发达国家过去并不知道污染行为会造成怎样的后果,因此不应对现今的情况负责,但说服它们积极合作,共同致力于减少排放还是很有必要的。如果发达国家认为自己有义务援助发展中国家,那么问题就变成了如何达成共识和实施援助。

环境问题不仅跨越国界,而且其成因涉及人类活动的许多方面。人类消耗的蛋白质有 40% 左右要依靠使用化石燃料制备的氮肥,这会产生大量的温室气体(Smil,2002)。实际上,一个国家的碳排放与其国民经济产出之间,呈几乎完美的相关关系。发达国家的温室气体排放显著减少,无一例外是经济衰退或崩溃的结果(例如,近年来的金融危机,或者是苏联解体之后的东欧国家)。这种关系的影响是双向的,所以当欧盟和美国在 2008 年通过补贴鼓励农场主种植生物燃料作物时,却会无意中导致世界面临粮食短缺。人类活动的许多方面都是与环境问题相互交织的,因此很难弄清应该在哪里采取行动,以及花多大的力气去解决这些问题。

关键争论 1.2

公 地 悲 剧

1968 年,加州大学人类生态学教授加勒特·哈丁(Garrett Hardin)在美国著名的学术期刊《科学》杂志上发表了一篇名为《公地悲剧》的文章。他在文章中指出,由于环境问题是公共资源问题,因此从技术上找不到解决办法。他以一块公共草场为例,分析了个人与集体的决策以及利益关系:对于每个牧民来说,在这块草场上放牧的牲畜尽可能多对自己是最有利的,因为这样每一个人都可以获得更多利益,但是从长期来看,过度放牧会导致草场退化,导致牲畜死亡,从而让所有牧民都受到损害。他称其为"公地悲剧"。

我们面临的几乎每一个环境问题都可以被视为公地悲剧,各国之间不予合作也均是因为陷在囚徒困境之中。例如,海洋公共渔场经常被多国渔船竞相捕捞,直到资源枯竭。为了获得一些无形的资源,如安静的环境,人们试图躲在车内逃避城市的喧嚣,却不料车辆的噪声让环境变得更加嘈杂。就环境变化而言,个人、公司和国家都把大气当成公地,随意排放有害气体。哈丁引用哲学家阿尔弗雷德·怀特海德(Alfred Whitehead)的话说,用"悲剧"这个词来形容破坏公共资源的倾向性,并非指它是人们口头说的让人难过的事件,而是古希腊戏剧里那种对"事物的无情发展"的绝望(1948:17)。公地悲剧的发生,并非因为缺少理性行为,它恰恰是理性行为所导致的。

改变的机会

哲学家詹姆斯·加维(James Garvey,2008:2)在谈到气候变化时说道:

气候学家可以告诉我们地球上正在发生什么事情,解释它们为什么会发生,他们甚至可以比较有信心地预测若干年后会发生什么,但是人们对这些事情做出什么反应则取决于我们认为什么是正确的,什么是我们看重的,什么是对我们重要的。这些东西你在冰芯里是找不到的。你必须想清楚这个问题。

气候变化问题会激发人们的忧虑:发达国家的民众担心因为保护环境失去富足的生活方式,发展中国家的民众担心因为保护环境妨碍经济发展。不过,气候变化也开启了创造一个更加公平、更加幸福的世界的可能性,而且有大量集体行动取得成功的范例可以借鉴。

由于在科学上面临不确定性,气候变化方面的政治进展近年来止步不前,但即使是在缺少确定性的情况下,通过集体行动应对环境事务也已经有过无数的事例。例如,在科学家和国际组织的推动下,一些大公司和主要国家于 1987 年签署了《蒙特利尔议定书》,当时并没有确凿的科学证据证明臭氧空洞是氯氟烃造成的。1992 年的《生物多样性公约》有 193 个国家签字,尽管生物灭绝的速度还存在很大的不确定性,据估计是每天 74～150 种(Sepkoski,1997)。在这两个事例当中,虽然还缺少无可争议的证据,但是科学家、非政府组织和政策制定者的紧密合作创造出了行动的决心。2009年的哥本哈根气候大会,虽然因为没有达成减排协议而广受诟病,但也签署了《哥本哈根协定》。尽管该协定不具备法律约束力,但这是第一次所有与会国家都认同有必要针对气候变化采取行动,是国际合作迈出的重要一步。

越来越多的企业、非政府组织和其他行动者在环境治理当中建立跨国合作网络,直接把犹豫不决的政府排除在外。例如,1993 年开始推行的林业管理认证(Forestry Stewardship Certification)已在 80 多个国家将 1 340万公顷森林认证为可持续发展林地,并对家得宝(Home Depot)和宜家(IKEA)等巨头的供应链进行认证,而这一切是在没有任何法律规制的情况下和不到 20 年的时间里完成的。面对社会不断变化带来的各种挑战,治理超越政府,促生了创造性的应对方法。

莱斯格(Lessig,2001)在他关于全球创新的书中提出,新的想法往往源自对旧事物的怀疑。例如,在堪称西方历史上最富创造性的文艺复兴时期,创新的驱动力就是人们对中世纪宗教观念的怀疑。环境保护在 20 世纪下半叶成为主流的文化运动,也同样让人们对过去的工业社会产生了怀疑,成功推动了许多变革,从禁止使用 DDT 杀虫剂到召开联合国地球峰会,不一而足。

治理关心的是我们希望居住在一个怎样的世界里,又如何通过协作建成那样一个世界。正如黑克罗(Heclo,1974:305)所说:"政治不仅来源于权力,也来源于不确定性——人们集体思考做什么。政府不仅会行使权力……也会感到疑惑。"我们不应该掩盖不确定性和疑惑,而是应该欣然地把它们当作治理的创造性力量。正如美国心理学家威廉·詹姆斯(William James,1956:42,转引自 Castree,2010:185)所言:"世界可以并且已经被那些认为理想与现实只有一线之隔的人改变。"如今人们对社会过于依赖石油的质问,就是一个通过创新创造低碳社会的好机会。

本书的范围

本书旨在对环境治理这个复杂而且观点迥异的领域做提纲挈领的介绍。具体而言,本书将阐述环境治理的关键概念,搜罗这个领域里既有的研究成果和正在进行的研究,从而梳理出这个领域里的连接纽带、共同主题和重大挑战。本书并不试图穷尽这个领域的全部重要进展,而是聚焦于最引人关注和影响最大的那一部分。同样,本书也不试图涵盖所有的环境问题(水、生物多样性、污染等),而是聚焦于治理的若干关键要素。

治理是一个分析框架,而非纯粹的理论。区分二者非常重要。分析框架指出的是哪些变量或者因素是重要的,从而为指导调查提供一个智力的脚手架(Schlager,1999)。从总体上讲,环境治理研究的问题,跟环境政策、环境法、环境管理、环境经济学和环境政治学等学科完全相同,但是角度不一样。作为一个分析集体行动的框架,从严格意义上讲,治理所研究的是制度和规则,其中制度的作用是把不同行动者集合到一起,规则的作用是为不同行动者的互动设定参数。尽管治理的模式多种多样,包括网络治理、市场治理、适应性治理等,但它们都是在治理的框架内运行的。贯穿于本书所讨论的各种治理模式的,是集体行动这个主题以及指导集体行动所需要的制度和规则。

相比之下,理论不只是找出人们关注的或者真正重要的关键因素,还要对世界和事物的运行机制和原理做出解释。用孔兹(Koontz,2003)的话讲,不同的理论适用于不同的情境,而关于治理框架不同构成要素的理论数不胜数。例如,制度主义强调制度对于形成和指引可能行为的作用,环境政治学关注不同行动者在治理中的作用和影响,国际关系(作为政治学的一个分支)研究的是不同国家和国际组织的互动,全球治理探究的是民间团体对于设定国际议题的作用,地理学帮助人们理解治理的规模和空间,人类学则有助于人们理解社会是如何构建规则的。

本书援引的主要是社会科学的成果,并且假设环境问题的解决主要依靠对人类社会的运行方式的改变。有助于人们理解治理问题的社会科学理论很多。例如,米歇尔·福柯的社会心理学有助于我们从更加宏大的历史背景去理解政府管理过程如何影响现代国家和治理的发展。另外,乌尔里希·贝克(Ulrich Beck)的风险社会理论有助于我们理解为什么现代科技制造的不确定性会导致治理的出现。每一个理论解释一种社会现象,从而也开启一扇观察治理的窗户。

本书的结构

　　本书分为十章,各有概述和结语,指出该章与上述重大主题的关系。虽然各章的知识会在后续章节当中使用,但是各章均自成体系。全书可分为两个部分:第一部分包括第二章到第四章,介绍的是环境治理的框架;第二部分包括第五章到第八章,讨论的是当前环境治理的重要方法或模式。第二部分讨论了四个模式,但并未包括所有。有文献总结了其他模式,也对治理活动做了不同的分类。之所以选择这四个模式,是为了覆盖当今两个最重要的模式(网络和治理),同时包括环境领域的两个已经崭露头角和引人注目的模式(转型管理和适应性治理)。我们会逐渐发现,它们在实践当中并非毫不相干,而且各个模式的概念将主要用作启发式工具,开拓主题的宽度以利于分析。第九章涉及另外四种模式,讨论的是参与和治理的政治。每一章的概要如下。

　　第二章首先把治理置于大的历史背景下,追溯在环境问题成为全球治理对象之前,民族国家是如何管理环境的。其次,这一章探究了管理(政府单方面行动)为何转变为治理(政府和非政府行动者一起行动)并产生哪些影响。最后,这一章介绍了治理的两种主要模式(网络模式和市场模式)和两种新兴模式(转型模式和适应模式),阐述了参与这一主题,并对治理的不同层次做了讨论。

　　第三章讨论的是制度和规则对于推动集体行动的重要性,介绍了环境治理的主要行动者。援引制度主义理论,这一章阐述了制度设计对于集体行动的重要性,使用埃莉诺·奥斯特罗姆(Elinor Ostrom)关于公共池塘资源的研究,阐述了社群如何制定并落实自己关于如何使用资源的规则。这一章还介绍了参与环境治理的关键行动者,其中包括政府、企业、超国家组织、国际科技咨询机构、非政府组织以及国内行动者。

　　第四章从全球的角度探讨环境治理,探询了多个对于全球环境治理影响深远的国际会议的发展历程,以及与之相关的机构和规则。这一章介绍了环境治理领域的若干重大会议、机构和计划,并对其成果做出分析。此外,这一章还探讨了执行各种环境协定面临的挑战,并对全球环境机构的未来发展所面临的几大争议做了阐述。

　　第五章和第六章介绍的是用于协定执行的两种主要模式。其中,第五章讨论的是网络模式,其主要特征是不同群体自愿采取集体行动。这一章先介绍了各种网络的力量及其主要特征,然后讨论了跨国网络对于执行环境协定的作用,之后讨论了认证和审计网络的成功,以及倡导企业社会责任的利弊。这一章还探讨了城市等国内行动者如何形成网络应对气候变化。这一章的最后对网络治理模式的优劣做了分析。

第六章探讨的是市场模式,它可能是当前影响最为深远的环境治理模式。这一章首先阐述的是这个模式的基本原理,并对欧洲碳排放交易、清洁发展机制、减少毁林和森林退化所致的排放等案例做了深入讨论。这一章其次介绍的是对环境进行估值的几种方法及其影响。就像前一章介绍网络模式一样,本章亦以对市场治理模式的优劣分析收篇,并指出政府仍将在市场的构建与管理当中扮演关键角色。

在此基础上,第七章介绍的是转型管理(transition management)这一新兴的治理模式,其要义是试图用大规模的技术革新让经济发展变得更具可持续性。转型这一概念的内涵就是要发起系统的改变,并证明经过全人类的努力减缓气候变化是可以实现的。这一章首先介绍了技术变革的概念(它建立在各种有利于生态环境的创新之上),进而探讨了转型管理作为一种治理模式对于实验创新的激励作用,最后探讨了它作为一种独特的治理模式所存在的优势和不足。

第八章探讨的是适应性治理模式(adaptive governance)。适应性治理借用"恢复力"这个生态学概念,旨在以整体观对社会和生态系统加以管理。这一章对恢复力和适应周期这两个核心概念做了介绍,它们强调的是连续变化和学习的重要性。适应性治理意在提高人类社会对气候变化的适应能力,因此对人们有巨大的吸引力,但是也在机构设计方面提出了一连串的问题。这一章以对适应性治理模式的优劣分析收篇。

第九章关注的是参与和环境治理的政治。参与涉及另外四种治理模式,为确定将民众导向哪个方向提供必要的政治远见和价值观。这一章介绍了风险的相关概念和预防原则,并阐述了让民众参与决策的基本原理;简要介绍了公众参与的主要模式,并通过示例分析了参与模式的优势和不足。这一章最后讨论了草根行动主义和非主流政治观点,将其作为环境治理的更大背景。

第十章是本书最后一章,对全书的主要观点做了总结,对环境治理的演变过程做了回顾,并集合针对各种不同环境治理模式所做的探讨,对它们推动集体行动的方式做了比较。这一章最后提出了关于环境治理的八个假设,意在激发讨论和指出值得继续探讨的重要话题。

　　全书使用文本框对某些话题做出更加深入的探讨，主要是各种环境治理行动的案例研究（既有成功的，也有不那么成功的）、关键争论以及治理分析。在选择案例时，本书注重的是这些案例能从独特的角度阐述某个主题，或者案例本身在这个领域里非常著名。关键争论意在带领感兴趣的读者就某个主题做更加深入的理论探寻。最后，治理分析包含的是与各章主题相关的领先理论或方法，专供在这些领域从事研究的人士使用。

　　每一章的结尾都会列出一些问题和重要的阅读材料，以便读者更加深入了解那些重要的主题。书中使用的各种缩写，已在开篇时列出。这一领域的文献当中有大量的缩写，作者已尽最大努力避免使用它们，以免妨碍阅读。

　　不同治理模式之间的并行和交叉在全书中不时出现，尽管不同方法在介绍时相当独立，但实际上经常同时使用，以构建更加宽泛的解决方案。正如全书最后一章所指出的那样，治理虽然不是灵丹妙药，但我们有无数的理由对其保持乐观——毕竟它关乎改变世界。希望本书介绍的知识，对读者在改变世界时有所帮助。

思 考 问 题

● 气候变化在当下主要是一个政治问题，你赞同吗？

● 环境问题完全不同于其他类型的政治问题吗？

重要阅读材料[①]

● Hardin, R. (1968) "The tragedy of the commons," *Science*, 163: 1243–48.

● Hulme, M. (2009) *Why We Disagree About Climate Change: Understanding Controversy, Inaction and Opportunity*, Cambridge: Cambridge University Press.

● Meinshausen, M. (2006) "What does a 2°C target mean for greenhouse gas concentrations? A brief analysis based on multi-gas emission pathways and several climate sensitivity uncertainty estimates," in H. Schellnhuber, W. Cramer, N. Nakicenovic, T. Wigley and G. Yohe (eds) *Avoiding Dangerous Climate Change*, Cambridge: Cambridge University Press, 265–79.

---

① 为方便读者查阅，本书按原版复制重要阅读材料。

第二章 环 境 治 理

················· 学 习 目 标 ·················

学完本章之后你应该可以：
● 理解政府治理的历史以及现代政府管理的起源；
● 解释环境需要治理的原因；
● 理解从管理转变为治理的原因和结果；
● 识别环境治理的重要模式和秩序。

概述

> 如果现在地球已经变成了内容而不是环境，那么接下来这几十年我们将会看到，地球会变成一种艺术形式。
>
> （马歇尔·麦克卢汉，1966）

本章介绍环境如何变成一个需要治理的"事物"，以及被一群不断增多的行动者施加管理的方式。首先，本章把我们现在所称的"治理"放到历史背景下，探寻政府传统上是如何应对环境挑战的。接下来，本章介绍的是全球环境问题的产生，以及它们如何凸显出各国在传统应对方式上的缺陷。一些国家为了控制不同类型的污染而制定的一些零碎的法律，根本不能带来应对全球环境问题所需要采取的协调一致的战略性行动。与此同时，国家的力量在经济全球化的冲击下呈现出总体减弱的趋势，并有右翼人士攻击公共部门的无能和浪费行为，从而共同推动政治风向从管理转变为治理。在资源不断枯竭的大背景下，政府为了在包括环境在内的许多领域履行自己的职责，只好同其他组织开展合作，除此之外别无选择。

本章第二部分探讨治理的各种特征。治理作为一个大的概念，包括对人类在环境方面的行为施加管理所涉及的各种原理、方法、行动者和机构。尽管对治理的定义存在许多不同的思想流派，但是人们广泛认同的一点是，治理还包括把非政府组织、企业和公众等社会的其他部分吸收进来。就像本书第一章所指出的，治理的一个核心目标是通过集体行动取得改变，但是协调集体行动的方式有很多。本章简要介绍环境治理的四种模式（网络、市场、转型和适应）——在第五章到八章会对它们做详细论述。本章还介绍了治理层次的概念，它有助于理解对治理开展分析的不同层级。

政府管理

我们现在所熟知的政府管理，也就是国家政策的方方面面均由政府担负全部责任，是在 17 世纪才兴起的。在此之前，国家统治者的责任是维护国家的完整，而非民众的控制和福祉。那时的政府所关注的是所谓的"高阶政治"，如战争、媾和、外交和修宪。至于民众，只要没有大规模叛乱，通常会被忽略。这一切在现代发生了根本性的改变，政府开始关注"低阶政治"，也就是对民众的基本需求和日常事务进行管理。

托马斯·霍布斯（Thomas Hobbes）在 1651 年撰文阐述了这一转变发生的过程：民众与国家之间建立隐性的社会契约，民众的某些自由被剥夺，而作为回报，国家则向民众提供法律与和平等惠益。目睹过英国内战的霍布斯对人性颇为悲观，因此认为政府的主要目的是保护社会免受毁灭性冲动的影响。社会契约论的提出不仅成为现代政府的基石，还起到了阻止那些肆无忌惮的统治者随意没收民众财产的作用，从而成为工业革命促生史无前例的经济增长的重要前提之一（North & Weingast，1989）。

法国社会哲学家和思想史学家米歇尔·福柯（1977）提出，从高阶政治向低阶政治的转变是因为国家行使权力的方式发生了改变。现代国家不再通过使用野蛮的肉体刑罚去恐吓民众服从，而是通过监狱和学校等机构对民众的行为加以约束。在这种约束之下，现代国家对民众生活的侵扰体现在越来越多的领域。在 19 世纪工业化和城市化快速发展的背景之下，卫生、食品、健康和自然保护等议题变得越来越重要，于是在应对这些问题的过程当中诞生了新型的国家控制。尽管伦敦城早在 1273 年就曾通过烟尘控制措施方案，但我们现在所熟知的全国性环境保护措施迟至 19 世纪为了应对工业化和城市化带来的种种问题才出现。

随着现代国家管理的出现,"不仅出现了民众要可衡量和可管理的思想,而且出现了环境是民众赖以生存的物质资源之和的思想"(Rutherford,1999:39)。现代国家的典型管理方式,是通过经济、公共健康、教育、卫生等政策,对民众和环境进行常规的、持续的、相当密集的监督和管理。福柯创造了"治理术"(governmentality)这个词,用来描述人们通过治理的内化实现自我治理的方式。它也可以用来理解人和环境为什么会成为治理的对象(见治理分析 2.1)。

治理分析 2.1

治 理 术

治理术这一概念主张权力不仅限于法律和国家,而是更加广泛地存在于民众和机构当中,从而导致"国家之外的权力形式通常比国家机构本身能更有效地维持这个国家"(Foucault,1980:73;1991)。文化和政治假设对民众的行为会产生某种形式的规训。把这个理念应用到环境领域,意味着问题"不是以一种纯粹的、无掺杂的形式'摆在那里',而是涉及不同的技术、程序和方法,使之变成了需要探究的对象和需要管理的目标"(Backstrand,2004:703,转引自 Rutherford,2007:294)。治理术有助于理解环境原则、方法、利益相关者和机构如何通过治理得到积极的发展(Luke,1999;Rutherford,2007)。福柯对现代国家的权力运行提出的四个观点,可以从环境的角度加以理解(Dean,1999)。

观察和理解的方式。一个经典的例子是,从太空拍摄的地球照片,加上环境领域这类非政府组织的兴起,让人们观察和理解地球的方式发生了革命性的改变。当地球——过去被视作人们赖以生存的广袤而富饶的家园——孤悬在太空当中的时候,它看上去是从未有过的脆弱和渺小(Jasanoff,2004)。正是因为有了从太空看地球这个视角,人们才认识到环境是全球性的,而且需要得到治理(下一节将讨论这一点)。

产生人们理解世界真相的机制。卢克(Luke,1994)对世界观察研究所(World Watch Institute)做出研究后指出,该研究所发布的年度报告《世界状况》(*The State of the World*)对于"全球资源"这个概念的

诞生起到了关键的作用。森林和人口(通常是发展中国家的)得到密切的监测,成为环境争论的关键要素和全球行动的焦点。该研究所发布的报告往往能确立哪些是重大环境事项,从而对非政府组织网络、全国性监测组织以及报告的各类受众所采取的行动起到指引作用。

技术和专家。这个指引过程有一个关键的部分,那就是各种机构成为治理体系的一部分,推动形成新的可持续发展行为。例如,不同专业组织设计出帮助人们以更加可持续的方式生活的工具,诸如碳计算器、家庭能耗节约手册等。

团体与个体的形成。福柯指出,借助他所称的自我管理技术(technologies of the self),个体可以对自己的行为加以管理或监测。他说,"个体是权力的载体,而非权力的作用点"(1980:98)。人们对自己施加的权力与提倡自我约束的环保言论有直接关联,这些言论包括减少能耗、少吃肉、多回收、减少驾车,等等。正如上文提到的那样,专家为我们提供了越来越多让生活变得更加可持续的工具,我们只需要使用这些工具即可(Rydin, 2007)。治理术揭示了个体如何把环境专家最关心的事项内化至自己的行为当中,从而加深了人们对环境治理的理解。这个过程被艾格拉瓦(Agrawal, 2005)称为环境性(environmentality)。

在现代国家,为了应对工业化社会面临的不同问题,园艺、现代医学、土木工程、污染控制等不同的专业学科纷纷兴起。这极大地推进了国家设施和相关机构(如大学)的扩展,用以培训专家,覆盖专业和学术团体,以及确立诊断和处理问题的方法。

专家领导的国家管理奉行"命令和控制"(command-and-control)治理模式,通过禁止或者严格限制使用的方式对公共资源予以保护。例如,美国联邦政府通过引入立法不断加强和巩固人们对环境问题的关注,颁布了《国家环境政策法案》(1969 年)和《清洁水法案》(1972 年),成立了美国环境保护署(1970 年)(Landy et al., 1994)。"命令和控制"模式的另一个特点是签署全球环境协定,例如《南极条约》(1959 年)和《月球协定》(1979 年),以禁止对这些地方进行任何形式的开发。

巴克斯特兰和洛夫布兰德(Bäckstrand & Lövbrand, 2006：55)对"命令和控制"模式做出总结，认为它"以一种超然的、强有力的俯视态度……将自然视为需要国家保护、管理和支配的领土去对待"。立法零零碎碎，而且通常是被动做出反应，因此直到20世纪80年代中期，国家环境政策仍然一团糟，各种规程互相重叠，却又彼此割裂，呈现以下典型特点(Lowe & Ward, 1998)：

低阶政治。环境问题在中央政府政治议程上的地位并不高，不被当成一个重点议题。环境管理被看作一个公共服务范畴之外的专业技术领域，通常被排除在行政管理结构之外，交给由技术型专家和官僚主导的机构和半官方机构处理。

委托碎片化。环境政策趋向于委托给地方政府和半独立的督察机构去实施，从而很难让不同地方政府合力采取战略性举措，或者在优先次序上取得共识。

脱节的渐进主义。耶鲁大学经济与政治学教授查尔斯·林德布洛姆(Charles Lindblom, 1979)创造了"脱节的渐进主义"(disjointed incrementalism)一词，用于描述零碎和被动反应式的环境管理。他的意思是，为了应对每一个新环境问题所制定的监管制度，都只是简单地增加到已有制度之上，并没有尝试去找出共性问题或者消除更大的污染之源。长期以来，政府在摸索中前进，环境管理缺少规划，导致相关制度和法律陷入自相矛盾(McCormick, 1991)。

在传统的"命令与控制"模式下，各国政府把环境问题视为孤立的、小范围的技术问题，以为只要出台一些专门法律和措施就可以解决。20世纪80年代以来出现的气候变化、酸雨、沙漠化和生物多样性丧失等全球性环境威胁，突然间把这个模式的缺陷无情地暴露无遗。

环境成为全球性问题

环境问题具有全球性特征，这在今天是一个不言自明的概念，但是像大多数真理一样，它的诞生也经历了长时间的孕育。环境史学家唐纳德·沃斯特(Donald Worster, 1977)提出了"生态学时代"这一概念，并认为它始于1945年7月的新墨西哥原子弹爆炸试验。在他看来，没有哪个事件比它能更好地说明，人类有能力对地球造成重大而长远的破坏。因此，生态学不能再全部交给业余的自然主义者和大学里的专家去研究，而是要永久性地在政府之中占据一席之地。1962 年雷切尔·卡尔森(Rachel Carson)的《寂静的春天》一书的出版通常被人们视为大众环境运动的分水岭。该书记述了DDT 杀虫剂在食物链上的富集所导致的致命后果(Lytle,2007)。正如琳达·纳什(Linda Nash,2006)所言,在《寂静的春天》一书出版之后,人们再也无法忽略人类是生态系统的一部分,而不是独立于生态系统之外这一事实,人类的行为可以而且的确对生态系统造成严重的破坏。

环境问题是全球性的,需要用全球性的行动去应对——环境科学的兴起对于确立这样的认知起到了关键的作用。贾萨诺夫和韦恩(Jasanoff & Wynne,1998:47)在谈到气候科学时指出,这门学科的建立"不仅包括评估和政策的国际协调,而且涉及认知层面的艰难调和"。他们所称的"认知调和",指的是对研究对象的定义、概念化和衡量方式得到科学家、基金管理者以及政策制定者广泛接受的过程。

将地球视为一个系统对于这个过程来说至关重要。起源于 20 世纪 50 年代热动力学领域的系统思维,让科学家得以把地球的生态、大气和水文构建成一个彼此关联的能量交换系统。系统不仅为研究卡尔森在《寂静的春天》里着力描述的食物链上不同物种之间的联系提供了通用的科学语言,而且有望提供一种衡量、预测和管理自然环境的方式(Kwa,1987)。在 20 世纪六七十年代人们日益关注环境的大背景下,系统思维成为研究环境问题的最主要的指导思想。

系统思维还为麻省理工学院那个著名的研究报告《增长的极限》(*Limits to Growth*)提供了理论基础(Meadows,1972)。这项研究建立了一个称为 World3 的模型,模拟人口、经济活动和资源消耗之间的关系,揭示了在一个无外界能源或物质输入的封闭系统里,过度消耗有限的资源将如何导致 21 世纪的经济出现增长周期并在某些时候发生崩溃。这项研究由一群自称"罗马俱乐部"的商界巨头、政府领袖以及科学家资助,研究成果发布之后迅速被蓬勃发展的环境运动的头面人物所采纳。当时广为流传的关于环境的著作,从巴克敏斯特·富勒(Buckminster Fuller,1969)的《宇宙飞船地球》(*Spaceship Earth*)到康姆纳(Commoner,1971)的《有生命的机器》(*Living Machine*),再到梅多斯(Meadows,1972)的《增长的极限》,立论的基础都是把地球看成一个封闭的系统,它们认为人类的活动毫无疑问应当受到限制。增长有极限这个观念,在当今的许多环境思想当中都可以被找到,参见关键争论 2.1。

关键争论 2.1

马尔萨斯与增长极限

环境可能给人类社会的扩张设置绝对极限,这是 18 世纪英国牧师托马斯·马尔萨斯(Thomas Malthus)提出来的一个观点。看到新兴工业城市里居住在贫民窟的工人那糟糕的生活条件,马尔萨斯指出,人类已经越过了新鲜空气、清洁饮水和食物等自然资源的极限。他认为,造成工人生活悲惨的原因是人口在呈几何级数增长(1,2,4,8,16,…),而食物的供给只是按算术增长(1,2,3,4,5,…),于是无节制的人口增长将会导致饥荒和死亡。

当然,马尔萨斯的这一推断并不完全正确。自马尔萨斯所处的时代以来,世界人口已经增长近 10 倍,由于机械化农业生产和高产量作物的出现,食物的供给得以跟上人口增长的步伐。事实上,如今享用清洁饮水的人口比例,比过去任何一个时期都要高。这个发展趋势被称为"环境保护论者的悖论",因为迄今为止生态系统的退化并没有对人类的生存产生重大的负面影响。诺贝尔经济学奖得主阿马蒂亚·森(Amartya Sen, 1992)指出,贫穷和饥饿存在的主要原因是资源分配不均,其影响远大于资源的绝对不足。由于全球最贫穷的 50% 的成年人只拥有 1% 的全球财富,任何把环境问题归咎于穷困人口想要扩大生产的企图,说得好听一点是误导他人,说得难听一点是试图把责任从消耗资源最多的人口(富人)转嫁给那些消耗资源最少的人口(穷人)。

人口过多是环境保护论者的常见靶子,但是自然为人口增长设置了绝对限制的观点,其实忽视了资源实际上是由人类的利用去定义的。例如,石油只有在内燃机发明之后才成为资源,并在其他燃料取而代之以后变得不那么重要。

几乎就在《增长的极限》这个报告面世的同时,美国的阿波罗登月行动发布了一批从太空拍摄的地球照片。在其中一张照片中,地球孤悬,四周漆黑,空无一物,看上去是那么脆弱而渺小,让那些认为地球广袤而富饶的人受到强烈的冲击(Jasanoff, 2004)。这张照片以视觉形式完美地诠释了宇宙飞船地球论,因而被各种环境组织广泛采用,用于推动环境问题是全球性的这一认知的形成。世界环境与发展委员会(The World Commission on Environment and Development)更是充分地发掘了这张照片的象征意义：照片上既无国界，也无人类痕迹，从而让"同一个地球"与"同一群人类"这两个概念得以统一。环境哲学家萨克斯(Sachs，1999)指出，宇宙飞船地球论对文化思想产生了双重影响，一方面让大家明白地球需要我们的爱护，另一方面我们又有能力爱护好它。

随着科学证据越来越多，同时环境人士的呼声也越来越高，联合国从20世纪70年代开始围绕环境和发展召开了一系列的国际会议。其中，1972年在斯德哥尔摩召开的人类环境大会，1992年在里约和2002年在约翰内斯堡分别召开的环境与发展会议，对于推动全世界接受全球环境既需要治理又是可以治理的这个观念，起到了非常关键的作用(Biermann，2007)。

但是，治理全球环境的任务，仅依靠民族国家过去用于管理环境问题采用的零碎的和反应式的措施，显然是完成不了的。兰迪(Landy)和拉宾(Rubin)在2001年分析指出，如果需要管制的只是少数污染点，集权式的命令与控制手段是奏效的，但是这种方式在面对众多非点源污染时就会失效。例如，如果现在的情况只是在一个国家有10个大型燃煤发电厂，那么管制起来是相对容易的，但是面对全球数以百万计的汽车或者数以万计的农场，污染的监控就会难得多。命令与控制模式下典型的税收和法律措施，在面对复杂的环境问题时却无能为力。例如，如果实行无差别税率，就是没有考虑到不同组织改变自己行为的能力其实是不同的；如果针对每一个不同的行业及其运行方式制定专门的技术要求，时间和经济成本又实在太高。

联合国组织召开的国际会议把环境和发展联系在一起，这一现象绝非偶然。随着冷战在20世纪80年代后期走向尾声，世界领袖们越来越关注环境安全。过去的左右政治阵营分野逐渐消融，取而代之的是一个快速全球化、走向单一资本主义体系的世界。发展中国家对西方的环境保护思想心怀不安，担心环境保护会妨碍他们的经济发展。正是在这样的情境下诞生了可持续发展这一概念，其含义是既可以让发展中国家实现经济发展，又可以解决全球环境问题。可持续发展是"既满足当代人的需要，又不对后代人满足其需要的能力构成危害的发展"(World Commission on Environment and Development，1987：43)，它缓解了发达国家和发展中国家的担忧，把它们统一在环境友好型增长的旗帜下。我们目前正在朝这个更加宽广的经济全球化过程转变。

全球化与国家的空心

全球化是各国经济融合成为一个市场的过程,它使得货物和信息可以跨越国界流动。自 20 世纪 70 年代以来,世界银行和国际货币基金组织等国际组织,通过结构性调整强力推动发展中国家接受自由市场政策,也就是迫使这些国家通过立法将本国市场向国际竞争开放,以此作为给予它们援助和信用贷款的条件。以芝加哥经济学派为重要基础的新自由主义认为,通过建立自由市场促进国际经济竞争,是创造繁荣和传播民主自由的最佳方式(Friedman,1962)。新自由主义者称,这个过程在一开始可能会造成当地和国内的企业破产,从而导致一段痛苦的调整,但从长远来看会让经济更具竞争力,从而发展得更加成功。

由诸如 Primark 等公司引起的大众针对血汗工厂的抗议,揭示出全球化也带来了自己的问题。由此一些政治经济学家对新自由主义提出了猛烈的攻击,认为正是那些政策导致贫富差距进一步扩大(Harvey,D.,2007;Klein,2007)。毫无疑问,阿根廷经济在 2001 年的崩溃,以及 20 世纪 90 年代苏联解体后经济裂解成资源寡头,使得人们对宏观结构性调整政策是否成功提出了疑问。与此同时,发达国家不断采取的保护性措施,如英国对农产品提供价格补贴,反映出发达国家对自由市场竞争的信仰其实存在某种程度的伪善(或者至少是有选择性的)。本书使用的很多对不同治理模式的批评,即取自政治经济领域——这在治理分析 2.2 中做了讨论。

治理分析 2.2

政 治 经 济 学

政治经济学家研究的是经济和政治两个系统之间的相互关系,包括某些政治观点可能对经济资源的分配造成影响,以及经济利益可能对政府的政治活动造成影响这两个方面。经济与政治的关系对于环境治理至关重要;要改变社会的运行方向必须先了解现行政治和经济系统是如何彼此支持的(Clapp & Dauvergne,2005)。政治经济学家经常发现,当最主要的经济利益与政治利益发生冲突时,现状就会得以保持。一个最典型的例子就是政府对工业发展青睐有加,因为工业可以创造就业,带来经济繁荣,从而有助于赢得选票,而代价就是不去阻止对环境的破坏。

政治经济学家懂得治理本身就是全球化和新自由主义的表征,并且做出了大量的论述指出治理只不过是政治在全球资本主义体系当中进化的最新阶段。例如,卡斯崔(Castree,2008)提出,国家停止发挥作用不过是空想罢了,在现实当中,各项改革已经要求政府通过立法、垄断等手段,对其他力量参与治理的性质和空间做出界定。按照他的分析,国家通过提供自然资源利用的新方式和掩盖环境污染,在支撑资本主义体系方面仍然发挥着关键作用。

20世纪80年代,在英国全面施行新自由主义政策的英国首相玛格丽特·撒切尔(Margaret Thatcher)创造了"TINA"这个词——它是"There Is No Alternative"(别无选择)首字母的缩写——用来表示虽然全球化和自由市场的好处可以讨论,但是它们的支配性地位不容有任何争议。20世纪90年代,比尔·克林顿(Bill Clinton)的竞选团队在竞选总部墙上悬挂的那句口号"是经济,笨蛋",强烈揭示出对经济的考量在20世纪末的政治生活中占据了多么重要的地位。经济全球化让一些人认为,我们生活在一个"无法控制的世界",用过去的方法无法治理(Herod et al.,1998)。按照他们的说法,主权国家的旧秩序,也就是划分疆土和组织经济、管辖人口和管理企业、训导国民和统一身份认知等事项,如今已经无关紧要,取而代之的是诸如国际贸易组织等各种全球治理机构,它们设定的规则约束着各国政府的行为。杰索普(Jessop,1993)提出,随着国家的一部分行政和政治职责被国际组织承担并向地方分解,国家自第二次世界大战以来已经大幅"空心"(hollowed out)。

新自由主义政策的实施导致水、气、电等公共服务私有化,从而让国家从管理的不同领域退出,工业和市场竞争成为推动政府改变的驱动力。本书第六章讨论的排放交易计划、碳补偿市场和绿色交易所的诞生,就是这个政治图景变化的一部分,它们见证了国家职能转交给市场的过程。

从政府管理到治理

1990年以前是"大政府"时期,那时的民众指望国家牵头提供各种服务,但是经济全球化让福利国家面临合法性危机。治理不是让国家承担全部管理职责,而是让民众、非政府组织和企业共同参与治理过程。在决策制定意义上,国家的空心化伴随着国家行动能力的缩减,让多方行动者参与政府管理与其说是国家的一种选择,还不如说是国家为了履行职责的需要。例如,铁路和公路等交通运输基础设施的建造和运营,都需要私营企业的参与,因为各国政府根本没有足够多的人才或资金去独立完成这些任务。在某种程度上,无论是空心化的国家还是尚未空心化的国家,所做的事情都是一样的,只不过行动者和使用方法不尽相同。正如斯托克(Stoker,1998:17)所言,"治理归根到底是为有序统治和集体行动创造条件,因此治理的结果与政府管理并无不同,它们的差异在于过程不同"。

最早呈现这些变化的是新公共管理(NPM)的原则,它们给公共管理和行政管理带来了革命性的改变。传统的公共管理是一个官僚体系,只涉及政策的实施。本章前一部分讨论的政府领导的命令与控制式环境治理,就是这个模式。政治决策做出来之后,官僚体系负责施行。如表2.1所示,官僚体系是建立在严格的程序和规则之上的,这让它们具有非常强烈的科层制特点。德国社会学家马克斯·韦伯(Max Weber)在阐述19世纪科层制诞生的时候指出,官僚体系创造的是一个几乎无法被摧毁的、高效率的权力体系;而且它对人等而视之,因此也是公平的。

表 2.1　传统官僚体系与新公共管理

	官　僚　体　系	新公共管理
组织	层级制	授权制
程序	唯一的最佳方式	灵活的
服务/产品的供应方式	政府直接供应	间接(如补贴)或通过非公共机构
政治	行政与政治分开	为确保责任明确,二者必须联系在一起
工作者的动机	公共利益	可以是私人利益
活动类型	独特的挑战	与私有部门的活动类似
个人责任	无(只需要高效率地执行任务)	管理者对结果承担责任

资料来源:改编自 Hughes,2003。

兴起于20世纪80年代初经济危机期间的新公共管理,完全抛弃了官僚制,因为人们认为官僚制是发达国家政府低效和经济失灵的原因所在(Hughes,2003)。与此同时,在出现一系列显然的失败之后,将政策制定及其实施截然分开也变得越来越难以维系。新公共管理的背后则是经济思想和私营企业管理思想,也就是强调回报与绩效挂钩。官僚体系突然之间被人看成一种烦琐的、单向的、总体上无人为结果负责的政府运行方式。人们不是看到了公共管理与其他机构之间的差别,而是认为公共部门与私有部门面临的许多挑战是相同的。公共管理要提高效率,必须向工商企业学习,提高程序的灵活性,并且引入绩效管理。

为了确保"物有所值",公共服务不是已经彻底私有化,就是按照市场规则做了重新设计:如果市场真实存在,就按真实市场的规则;如果市场不存在,就按"假想市场"的规则(Bailey,1993)。一个假想市场的例子是在医院引入管理者,如果医院在服务和患者满意度等预先设定的指标方面达到目标,管理者就能获得激励。新公共管理把全球化和新自由主义带来的广泛变化带进公共部门,促使公共政策的执行方式发生根本性的改变。在环境方面,命令与控制方式被所谓的"新环境政策工具"(NEPI)所取代。这些工具包括环境税、自愿协议、环保标签、排污权交易等,它们需要除政府之外的多方行动者参与(Jordan et al.,2003)。对于这些工具在环境领域的应用,本书将在第五章和第六章做深入的讨论。

治理模式

治理旨在协调不同行动者的集体行动,但是协调的方式多种多样。模式由众多规则组成,这些规则建立在如何最好地激励不同行动者的普遍原理之上,对这些行动者之间的互动起着指引作用。文献当中常见的协调模式有三种:科层模式、网络模式、市场模式。

科层模式与传统政府管理最为相似,有明确的控制金字塔,决策在最高层制定,然后一路向下传递。利益相关者均为雇员,彼此之间是正式关系,履行职责受到所在组织的职权的约束。这种治理模式刚性十足,遵守陈规惯例,只执行上层做出的决策。它的优势在于它为取得预期结果建立了明确的路径,而且十分持久,利益相关者对组织有归属感;它的劣势在于它通常缺少创新和灵活性。大多数私营公司或公共管理组织采纳的就是这种模式。它的运行靠的不是强迫或者指引,而是靠权力,因此是把它看成一种管理模式(mode of governing)更为恰当。它在环境领域的应用本章已在前文结合传统的命令与控制模式探讨过了,因此本书没有单辟一章将其作为一种治理模式加以讨论。

网络模式是与治理的概念联系最为广泛的模式(Rydin 在 2010 年将其

称为"纯粹的治理"),它指的是拥有自主权的利益相关者通过合作达成共同目标。"网络"这个词关注的是参与治理的人日益广泛这一现象,强调他们是彼此独立的行动者,而不是处在一个科层结构当中的组织。正如表2.2所列出来的,把利益相关者维系在一起的是他们秉持的信念,他们认为各自拥有互补的优势,因此相互合作可以让他们更加高效地达成共同目标。合作需要制定共同的行动日程并集结资源,让他们去完成独自为战所做不到的事情,从而达到互惠。

表 2.2　科层模式、网络模式和市场模式的对比

	科 层 模 式	网 络 模 式	市 场 模 式
成员关系的基础	权力	互补的优势与信任	合同/产权
互动方式	惯例	合作关系	价格
管理工具	规程	合作	经济刺激
决议方式	行政	互惠	讨价还价
灵活性	低	中	高
成员的归属感	高	中	低
道德观	正式	互惠互利	怀疑
成员所做选择	依赖	互赖	独立
国家的角色	法律、制度和规程 (大棒)	鼓励自愿行为 (劝说)	财政刺激 (胡萝卜)

资料来源:改编自 Powell, 1991; Lowndes & Skelcher, 1998; Rydin, 2010。

利益相关者之间的沟通方式和冲突解决策略,非常依赖于他们对彼此的信任。网络比科层组织更加灵活,因为它们不需要正式的雇用合同,因此对新出现的需求和机会可以做出更快的反应。它的不利之处在于没有正式的约束去防止利益相关者离开网络,从而让网络结构不那么稳定。

市场模式把利益相关者变成某些特定资源或产品的供方和需方,从而把双方绑在一起。在利益相关者之间建立产权和合同关系,让他们得以按照供给和需求的规则交换资源。价格为利益相关者提供了沟通手段,他们可以按照自己的意志自由进出市场。经济刺激为行动提供动力,可以用来提升某些利益相关者相对于其他人的力量。然而,这种模式的成员缺少归属感,可能纯粹受到利润的驱动,对政治进程的大目标不抱有任何信念,故而这会抵消这种模式的灵活性。

治理的网络模式和市场模式需要某些类型的机构和规则,这使得某些利益相关者相对于其他人处于优势地位。例如,网络模式偏好创建伞型组

织和非政府组织作为网络的推动者,市场模式则强调私营企业的作用。不同治理模式还给利益相关者赋予不同的角色。例如,网络模式视公众为普遍具有环境意识的公民,受共同的道德关切的推动;市场模式则视公众为消费者,受经济刺激的推动。同样,每种模式所需要的制度也因为政府的角色而不同。有为了立法和实施规程所设计的制度(这是市场模式所需要的),还有为了鼓励和支持自愿行为所设计的制度(这是网络模式所需要的),它们所需要的资源和能力是大不相同的。

虽然理想的网络模式和市场模式是探讨问题的出发点,但是在现实世界里,"价格、权力和信任是以各种方式掺杂在一起的"(Bradach & Eccels,1991:289),而且科层模式、网络模式和市场模式在不同情境下都是行之有效的(Steward,2008)。例如,在汽车行业,通过颁布法令直截了当地禁止使用含铅汽油,是减少汽车排放污染的非常有效的方式。2008年,时任壳牌(shell)石油公司董事长的司徒慕德爵士(Mark Moody-Stuart)支持通过立法对新车的燃油效率加以限制,以鼓励创新和提高排放标准。在其他一些领域,汽车厂商采取的一些自愿措施,也在汽车的可持续发展方面推动了可观的进步。例如,日本推行的"顶级厂商"(Top Runner)计划就是要找出汽车行业里在可持续发展方面领先的厂商(顶级厂商),然后以此为标准与其他汽车厂商订立达标的时间表。这个计划取得成功的原因之一,就是把各个厂商的环保表现公之于众,让它们接受公众的监督,从而在它们互相赶超的过程当中激发创新(Nordquist,2006)。

与此同时,各国也越来越多地使用财政激励措施,鼓励企业更多地使用可持续性技术,如德国对可再生能源实行"上网电价"(feed-in tariff),也就是对可再生能源的生产商提供补贴,保证它们向主干电网售电时的价格(Carbon Trust,2006)。一些国家还对购置电动汽车提供补贴,以影响汽车制造商和购车者的经济行为。不同治理模式的不同特点,并不是让这几种模式互相排斥,而是让它们互为补充,但这也让如何合理地同时使用这几种模式成为极大的挑战。

除了网络和市场这两种治理模式之外,本书还将讨论另外两种互补的模式:转型管理和适应性治理。在文献中这两种模式相对较少被提及,但是作为分别在市场模式和网络模式之上发展起来的模式,它们在环境领域的影响力正在越来越大。

转型管理试图用大规模的技术革新推动可持续性发展,采取的方式是创造诱导性的经济和政治条件,也就是利基市场(niches),为创新培育土壤,随后再推向全社会。正如表 2.3 所示,创新的利益相关者拥有共同利益,他们互动的主要方式是通过"进化压力"施加的,也就是借助各种政治和经济力量,选择让某些创新成功,让其他创新失败。与市场模式类似的是,利益相关者大体上也是按自己的意愿自由参与;与市场模式不同的是,它通过提供刺激对创新形成指引,是一种纯粹的管理式治理模式。这种治理模式的灵活性中等,国家可以改变经济和政策刺激,但是需要一些时间它们才能生效。

表 2.3 两种新兴的环境治理模式

	转 型 管 理	适应性治理
成员关系的基础	创新	互补的知识和资源
互动方式	优胜劣汰	学习
管理工具	利基管理	监测和试验
决议方式	政治	互惠
灵活性	中	高
成员的归属感	低	高
道德观	管理	互惠互利
成员所做选择	相互依赖	相互依赖
国家的角色	经济和政策刺激	鼓励

适应性治理把一个社会—生态系统(如一个渔场)中的利益相关的行动者放在一起,以观测这个系统并相应地改变他们的行为。这个模式把网络治理模式拓展到把生态系统包括在内,用一种观念把利益相关者团结在一起。大家拥有互补的利益,如果大家相互合作,就可以更加有效地管理资源。治理是在监测和试验过程当中发生的,这个过程有助于促进在不断变化的环境下的迭代和适应。这种模式的成功取决于利益相关者之间彼此信任的程度,因为它要求利益相关者愿意彼此学习。如表 2.3 所示,这种治理模式的整体逻辑非常灵活,有利于做出变革和适应。

相对于网络模式和市场模式,转型管理和适应性治理会青睐某些行动者,赋予他们不同的角色。例如,转型管理强调政策制定者与私营企业之间的紧密协作,而适应性治理强调的是共同知识和学习。网络模式、市场模式、转型管理以及适应性治理这四种治理模式的优势和劣势,本书将在最后一章再做探讨。

治理层级

治理模式指的是治理的不同类型,而治理还分为不同的级别,分析师将其分为一阶、二阶和元治理(Kooiman,2000)。一阶治理指的是直接通过行动和执行来解决问题的方式(如图 2.1 所示)。以气候变化为例,一个国家在整体能源政策当中决定可再生能源占多大比例以及如何构成,便属于一阶治理。这个层面的治理面临的挑战在于设计一个合法的(让受影响的人群参与决策)、高效的(利用好这个领域的最佳知识和技术)决策流程。

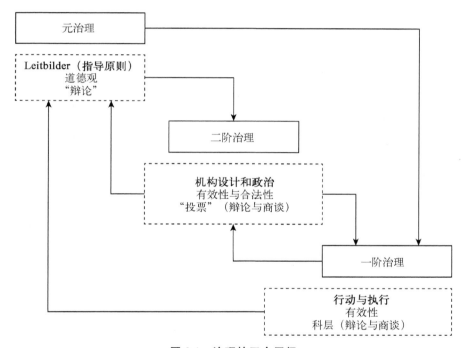

图 2.1 治理的三个层级

资料来源:改编自 Heinelt,2007。

二阶治理涉及的是一阶治理所发生的环境,主要关注的是通过机构设计以及政策工具和计划,对一阶治理进行指引。仍然以气候变化为例,政府面临的一个典型的二阶治理挑战,就是如何对气候变化的决策实现制度化,从而保证决策公平和有效。环境治理文献经常秘而不宣地强调的便是二阶治理,而下一章将对机构的重要性做更详细的探讨。

元治理指的是对治理的治理。图 2.1 当中使用的"Leitbilder"这个词的含义是指导原则,而元治理通常是体现在围绕着用于指导问题界定的规范所展开的道德论辩当中。鲍勃·杰索普(Bob Jessop, 2003)认为,元治理指的是与治理相关的条件的组织形式,或者说它也涉及相关因素对机构建立和问题呈现的方式的影响。回到环境变化这个领域,如美国前副总统阿尔·戈尔(Al Gore)担任解说的电影《不容忽视的真相》(*An Inconvenient Truth*)这样的文艺作品,就起到了让人们普遍意识到气候变化已经成为一个麻烦(至少是让大家普遍参与讨论)的作用,包括让大家了解它意味着什么、为什么会发生以及需要做什么去应对它。元治理让人们从更宽广的视角去理解治理,其中包括媒体对形成公众意见的作用(见关键争论2.2)。

关键争论 2.2

媒 体 的 作 用

严格来说,媒体并非治理的一部分,但它们对公众意见的影响和对环境科学的传播,让它们在元治理当中起着重要的作用。正如班尼特(Bennet, 2002:10)所说的,"新闻是我们生活的一部分,其作用鲜有其他事物可及"。因此,媒体对于为集体行动获得合法性具有巨大的潜力。一方面,媒体可以激发公开讨论,从而引发社会的关注(Morley & Robin, 1995);但在另一方面,有研究表明媒体有歪曲环境问题的倾向。马克斯·伯伊科夫(Max Boykoff, 2007)的研究揭示了美国的媒体为了吸引更多人的关注,是如何不顾科学研究正日益达成共识的事实,仍然把关于气候问题的争论描写为非常富有争议的现象。正如丹·布洛金顿(Dan Brockington, 2009)在他关于名人与环境保护的研究中提出的论断,媒体主要关心的是娱乐,而不是传播信息。

埃洛特和西格尼特(Ereaut & Segnit, 2006)在分析过环境方面的600篇新闻报道以及90则电视和电台报道后,认为媒体主要关注的是气候变化可能带来的灾难性后果,因此传递的是警示性的信息。把灾难写进新闻标题虽然更容易吸引眼球,但却会让人们觉得不那么有能力采取积极的行动。这里的问题是,必须有让人兴奋的事件,才能让媒体持续关注环境问题。道温斯(Downs, 1972:39)提出注意力周期这个概念,它描述的是"公众对重大事项一开始高度关注,然后变得越来越厌恶的系统性周期"。因此,如果没有让人激动的事件不断发生,新闻就会迅速变成旧闻。

图 2.1 当中的三个层级对应着用治理思维解决问题的不同层面。这个框架的一大亮点是可以解释为什么在一个层级上奏效的措施，到了另一个层级未必会奏效。例如，一个国家如果还没有出台制度对能源供应商和政府部门的关系加以协调（二阶治理），或者还没有在民众当中广泛宣传让大家明白什么是可再生能源以及它们为什么重要（元治理），那么试图推行入网电价（一阶治理）就有可能徒劳无功。

对于理解环境问题可以用多种方式去界定，以及理解这样做有什么含义，"话语"（discourse）这个概念至关重要。"话语"一词字面上的意思是"相互关联的言语"，关系到如何对特定主题的某些意思予以正常化。话语必然是政治性的，因为对某些意思和行动予以正常化，就意味着排斥其他意思和行动（Fairclough，1992）。它是探究环境问题的一种有力方式。由于环境问题在本质上具有不确定性，因此我们可以做出多种不同的解释。例如，托马斯和米德尔顿（Thomas & Middleton，1994）指出，20 世纪80 年代关于沙漠化的话语，更多的是源于一些殖民国探险者对北非沙漠不断推进的文化假设，而不是出于实证测量。关于沙漠化的话语在经过某些方式的表达之后，对人们应对沙漠化这个问题的方式施加了强大的影响，如推动大量资金进入沙漠化研究领域，又如推动出台驱逐当地牧民的土地管理政策（放牧被视为沙漠化的原因之一）。环境问题的表达方式对其解决方式以及解决主体有重要意义。案例研究 2.1 讨论的就是一个近来取得显著政治影响力的推断性表达——气候变化带来的威胁堪比恐怖主义。

第九章讨论的是如何让那些将受决策影响的行动者参与到决策当中来，从而让更加广泛的利益相关者参与不同层级的治理。参与不仅保证合法性，而且可以在决策过程当中吸纳不同行动者的知识，从而促进集体行动。参与通常是以正式对话的方式进行的，需要遵循一定的程序，并将对话的结果纳入最终决策。例如，关于可再生能源，如果能够通过公众参与找出那些最有可能被大众接受的举措，那么这种参与就能对一阶治理起到促进作用。公众参与还有助于机构设计，甚至增进民众对各种机构的信任，从而提升二阶治理的效果。在元治理层面上，公众参与可以揭示更加广泛的文化偏好，从而有助于获得高屋建瓴的政治视野，用以指导治理。由此看来，公众参与可以贯穿治理的全部三个层级。

案例研究 2.1

将气候变化表达为安全威胁

2004 年,英国政府首席科学家戴维·基恩爵士(David King)声称,气候变化对世界的威胁超过恐怖主义,从而他对国际社会在针对恐怖主义的战争上投入巨量资源,而在应对气候变化上面的投入微乎其微的做法表示怀疑。当然,这无法改变国际社会的优先任务。美国在哥本哈根大会上承诺成立的快速响应气候基金规模为 3 亿美元,大致可以维持 2010 年伊朗/阿富汗战争大约 72 小时的开支。同年,美国中央情报局顾问、皇家荷兰壳牌石油公司规划部门的前负责人彼得·施瓦茨(Peter Schwartz),还有总部设在加利福尼亚的全球商业网络气候变化(Global Business Network Climate Change)的负责人道格·兰德尔(Doug Randall),在提供给五角大楼的一份报告当中提出,气候变化"应当超越科学争论,提高到美国国家安全的高度"。

将气候变化表达为安全威胁,目的是提高其政治影响力。气候变化与恐怖主义相似的地方在于,它同样可能导致民众的困苦和死亡。因此,如果恐怖主义让人们觉得恐慌,那么气候变化也应该产生同样的影响。但是,将气候变化表达为国家安全威胁则是以微妙的方式对话语做出了改变。例如,它表明气候变化对社会来说具有外部性,而不是一个"内在"的问题,需要多个国家共同行动,每一个国家都应该予以抗击。这样的表达已经促成了一些看似不可能出现的联盟。例如,伊拉克战争让美国的一些环境组织发起了针对四驱汽车的游说,他们声称油耗增大会让那些与伊斯兰恐怖主义有染的中东国家的腰包更加充实。大家应该选择燃油效率更高的汽车,这对美国来说是爱国,对地球而言是对保护生态有利,这个观念让右翼保守人士与环保人士短暂地团结在了一起。

结语

梳理环境治理产生的历史背景,我们可以清晰地看到治理不仅仅是环境问题的"下一条最佳出路",它的确拥有让决策者做出这一选择的历史和背景。从政府管理到治理的转变是循序渐进的,不断进化和改变,没有既定的蓝图。从发达国家实施新公共管理改革的情况来看,这个过程远比一些文献所表明的零碎得多,而且受历史的影响非常大。

虽然从政府管理向治理的转变不止发生在环境领域(新自由主义、新公共管理、合法性危机以及民众对得到更好服务的要求,推动各个领域发生改变),但是环境方面的改变是由众多特殊的环境挑战宣告发生的。环境政策的变迁史、环境问题和人们理解环境问题的方式,以及人们在不同地点和时间不得不施行的政策工具,反映了找到新的框架的必要性。这一新的框架要把更加广泛的行动者和更加灵活的方法纳入进来,以应对全球环境变化的各种问题。不同治理模式及其运行的不同层级为应对环境问题提供了丰富的资源。在深入了解这些模式的实际应用之前,有必要弄清环境治理当中的关键行动者是谁,以及制度和规则如何影响他们结成团体并对他们进行指引。

-------------------------------- 思 考 问 题 --------------------------------

- 在环境领域,人们在多大程度上已经形成"认知和谐"?
- 选择一个环境问题,分析它的一阶治理、二阶治理以及元治理。

-------------------------------- 重要阅读材料 --------------------------------

- Jasanoff, S. (2004) "Heaven and Earth: images and models of environmental change," in S. Jasanoff and M. Martello (eds) *Earthly Politics: Local and Global in Environmental Governance*, Cambridge, MA: MIT Press, 31–52.
- Jordan, A., Wurzel, R.K.W. and Zito, A. (2003) "Comparative conclusions. 'New' environmental policy instruments: an evolution or a revolution in environmental policy?" *Environmental Politics*, 12: 201–24.
- Stoker, G. (1998) "Governance as theory: five propositions," *International Social Science Journal*, 50: 17–28.

第三章　制度、规则与行动者

················· 学 习 目 标 ·················

学完本章之后你应该可以：

● 理解制度的重要性；

● 懂得规则如何对行动起支配作用；

● 找出环境治理涉及的关键行动者。

概述

制度可以聚合不同的行动者，而规则指引着他们的行动，在治理这个框架里有着非常重要的作用。本章首先探讨的是制度与规则对于推动集体行动的作用，其后阐述环境治理当中的关键行动者。这将为后续若干章节的讨论奠定基础。

本章前一部分引述制度主义的若干理论，讨论了制度的定义及其运行机制，以及合理设计制度的重要性。在对不同规则进行分类时，本章使用的是 2009 年首位女性诺贝尔经济学奖得主埃莉诺·奥斯特罗姆（Elinor Ostrom）关于公共池塘资源管理的研究成果，特别强调了推动实现资源的可持续治理的那些规则。

后一部分讨论的是与环境治理相关的关键行动者，包括政府、社会、企业、跨国组织、国内团体、国际科学顾问团以及非政府组织。这一部分还讨论了围绕着政府在治理条件下起到的确切作用所展开的争论，还有社会和企业在解决环境问题时所扮演的角色。此外，这一部分还特别介绍了联合国，尤其是联合国环境计划的角色，非政府组织的起源和角色，以及政府间气候变化专门委员会（Intergovernmental Panel on Climate Change），这些机构都是全球性环境治理的关键行动者。

制度

一个有效的制度是如何构成的？自 19 世纪以来，这一直是政治经济学家们研究的问题。根据词典释义，制度（institution）可以是"既定的法律、习俗或做法"，于是"它们关注在自由社会里形成的传统和习俗"（Hayek，1948：23，转引自 Shogren 1998：255）。在向治理转变的过程中，以前专门由政府承担的一些职能交给独立的或者与政府有弱关联的行动者去履行，众多制度得以产生。治理产生了建立制度来组织和协调非政府行动者的需求，而且非常重视制度作为不同利益相关者之间仲裁者的作用。正如瑞丁（Rydin，2010：96－97）所说，"制度把行动者联结起来形成具有强烈路径依赖的行为规则和模式……行动者按照制度规范行事，这也强化了行动者的某些行为"。制度不仅仅是政治或行政单元，还通过制定"规则、规范和做法来指导集体行为，形成社会行为的框架"（Coaffee & Healey，2003：1982）。

公共政策学者维维安·朗兹（Vivien Lowndes，1996：182）认为，制度具有三个本质特征：

制度在中观层面上运行。制度将广泛的社会结构与个人的日常决策和行动联系起来，它们由个人创造和塑造，但又会框定他们之后能做的事情。制度会开辟新的行动领域，但又会限制采取行动的形式。例如，1970 年成立的美国环境保护署（US EPA）成功地推动环境成为美国的治理对象。使环境成为联邦政府关注的问题，意味着环境决策者突然可以采取比以前强力得多的监管行动，但环境保护署的组织方式意味着这些行动主要是污染控制行动。

制度有正式的和非正式的运作方式。制度主要通过成文的规则来运行，但也有一些习惯性行为和传统指导着与治理相关的行为。规则可以是约定俗成和非正式的，但是仍然对行事方式起调整作用。例如，许多高山牧民会转场，在温暖的夏季将牲畜转移到更高海拔地区，让低海拔的牧场休养生息，以备冬季放牧。转场没有成文的规则，也就是牧民没有被要求这样做，但是对于瑞士阿彭策尔人那样的高山牧民来说，这已深深嵌在文化和日程当中，他们有纪念这种季节性迁移的节日，有反映高海拔地区沟通需求的约德尔调。按照制度主义的观点，非正式的传统和习惯与正式规则一样重要。

制度做出的决策更具合法性并且相对稳定。制度行动被认为比个体行动更具合法性,因为它们是由多个行动者按照既定规则做出来的,并且相对稳定。一些宗教和教育机构,如罗马的梵蒂冈教会、英国的牛津大学和剑桥大学,已经存在 500 多年,基本制度结构几乎没有什么变化。制度化决策比个人决策或闭门决策更加透明和可靠。

美国行为心理学家詹姆斯·马奇(James March)和挪威政治学家约翰·奥尔森(Johan Olsen)在 1984 年的一篇论文中,强调了制度在塑造政治决策及其施行过程中的作用。以前,政府的决策被解释为个人行为的结果,因此官僚机构的决定可以说是工作人员寻求达成个人目的的结果(通常是基于在个人晋升和实现组织目标之间取得平衡)。

马奇和奥尔森创造了"新制度主义"(new institutionalism)一词,指的是虽然个人行为的影响很重要,但是决策在很大程度上是受既定规则和程序影响的——制度通过这些规则和程序对现实世界的问题做出回应。

新制度主义得到了广泛的认可,给环境治理带来了许多的影响(Pierson & Skocpol,2002)。新制度主义强调制度不是静止的,而是需要通过一系列已成习惯的程序和规则,不断加以维护和再创造的动态实体(Lowndes,1996)。就像贝维尔和罗德(Bevir & Rhodes,1999:225)所说:"制度通过个人的想法和行动来建立、维持或修改,包含了一系列特定的困境、信念和传统。"说到自然资源的治理,布瑞吉和乔纳斯(Bridge & Jonas,2002:760)指出,制度往往因为历史斗争而建立,在展示斗争结果的同时,又使斗争对现在的决策产生影响;通过定义特定时刻在经济、技术和政治层面上的可行性,这些制度为我们开采、加工、推广和消费自然资源创造了连贯性和稳定性。历史影响会让制度产生路径依赖,也就是决策过程一旦制度化,在长时间内都会产生类似的决定。由于制度对决策有很大的影响力,因此制度设计的方式至关重要。

如何管理制度变革这一问题对环境治理领域具有重要意义,这个领域的特点是问题的发展很迅速。由于僵化、过度复杂和个人利益至上等原因,制度可能变得不那么理想,但是从根本上重建制度往往会降低其行动能力,并削弱其在公众心中的合法性(Jones & Evans,2008)。例如,气候变化正在推动制度重建,更加凸显能源在环境领域的重要性,但要做到这一点有许多方法。案例研究 3.1 讨论了各国设立气候变化治理制度的不同方式,突出了各种制度设置方案的优势和劣势。

案例研究 3.1

国家制度与气候变化

世界各国政府都在忙着建立制度应对气候变化,但究竟怎样的制度才是解决这个问题的最佳方式并无单一的蓝图(McIlgorm et al.,2010)。有人针对 31 个国家做过分类研究(包括发达国家、前社会主义国家和发展中国家),总结出了五大类气候变化应对制度(Chisholm et al.,2010)。

将气候变化问题纳入一个非近期合并的综合性制度。这是各国对气候变化治理最不聚焦的方式之一,只是将其纳入政府原有的某项活动。这方面的例子包括加拿大、日本、新西兰、韩国、瑞典和委内瑞拉。

建立一个专门致力于气候变化问题的制度。这些制度通常是通过部门或部委的分立、合并或新设而形成的,大都直接向国家首脑汇报,而且相对独立。这样做的国家有澳大利亚、巴西、智利、中国、丹麦、印度尼西亚、马尔代夫、巴拿马、南非和英国。

将气候变化问题分解给多个制度。这种设置通常受到大型联邦制国家的青睐,这些国家历来没有认真对待气候变化问题。俄罗斯和美国就是例子。

在现有制度内成立一个部门来协调气候变化问题。虽然这些制度的总体职责包括更广泛的环境治理责任,但是它们设有专门应对气候变化问题的部门,负责协调全国的气候变化政策。这样做的主要是那些财力或专家资源较少的发展中国家,如安提瓜和巴布达、比利时、格鲁吉亚、肯尼亚、墨西哥以及尼日尔。

合并各种既有的环境部门与气候相关的事务(如能源或废弃物等)。这种制度类型似乎是议会制共和国的首选,比如奥地利、法国、德国、印度、意大利、特立尼达和多巴哥以及阿拉伯联合酋长国。

这些制度设置方式各有优缺点。成立一个气候变化专门制度能提高其政治重要性,但这可能使其更难与政策的其他领域建立联系。将气候变化置于现有制度的职权范围内会降低其权力,但可能更容易影响更广泛的政策。将原有的部门与气候相关的议题结合在一起,使得气候变化与政策其他领域之间确立了明确的联系,但可能会降低其在总体政策中的重要性。

如图3.1所示,比较多的国家倾向设立专门的气候变化制度(32%),或将其与现有制度合并(23%)。打散的方法,也就是将气候相关政策交由多个部门管辖的相对较少,只存在于俄罗斯和美国这两个大型联邦制国家。

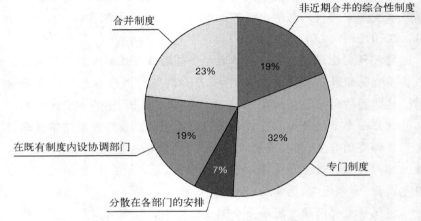

图3.1 各国应对气候变化设置制度的方式

总的来说,这些趋势表明各国政府正在认真对待气候变化问题,但在这种承诺如何转化为制度框架方面,各国还是存在很大差异。正如梅多克罗夫特(Meadowcroft,2009)所指出的,这不仅取决于不同国家的不同政治制度,而且还取决于这些国家的文化、法律和行政惯例等因素。不同国家所采用的制度设置将对气候变化作为政策问题的重要性产生重大影响,并决定其在未来的处理方式。

规则

按照定义本身,治理允许更多的人参与进来,从而就有了谁可以参与以及如何参与的重要问题。规则对于保护合作至关重要,因为它们为不同行动者提供了确定性和安全性。它们是治理当中可以操纵的关键变量,决定了谁来治理,以及在治理时允许他们做什么。正如图3.2所示,想要通过设置统领性的规则去设定行动路径的做法通常会以失败告终,因为它们不可能包罗不同行动者和不同情境的要求。因此,规则往往关注集体决策的程序,而不是确定这些决策的内容。这些决策内容包括不同行动者的角色、地位及其界限,谁拥有全面的权威,利益如何结合,以及决策过程中信息的流通方式等。

图 3.2　规则是至关重要的

资料来源:经过 Thad Guy 许可转载。

奥斯特罗姆等人(1994)提出了制度分析和设计框架,通过阐明建立行之有效的合作框架所需要的各种规则,提供了一种结构化的方法去思考治理如何开展。奥斯特罗姆等人(1994)在他们的经典书籍《规则、博弈和公共池塘资源》(*Rules,Games and Common Pool Resources*)当中,区别了可用于分析制度的七种规则:

职位规则。这些规则定义的是设有哪些职位,以及如何把人员分配到这些职位上去。职位规则构成了一个基本框架,其他的规则,比如每个职位的相对权力,可以叠加在它之上。

边界规则。这些规则规定的是参与者进入和退出各种职位的条件,以及他们在职位上的活动范围。

权力规则。这些规则规定的是每个职位在不同时间的行事方式,包括每个职位的权利和责任,以及它们可以用于履行职责的资源,还有它们对其他职位的影响。

聚合规则。这些规则规定的是集体决定是如何做出的,以及不同任职者在做出决定时所发挥的作用。

范围规则。这些规则规定可能做出的决定的范围,并根据重要性和影响大小为各种决定赋予地位。

信息规则。这些规则描述了在不同的时间应当给各个职位提供哪些信息。

偿付规则。这些规则阐明不同行动者如何被允许和不被允许根据所做的决定使自己获益或承担损失。

制度分析和设计框架可以用来分析和比较不同政策领域的决策程序,并提供了一个用来了解环境制度运行方式的良好工具。如图 3.3 所示,该框架确定了四个外部因素:

物质世界。这包括所涉及的资源的当前特征和状态,包括人类对它的影响。

行动者所在社群的特性。这包括所涉及的资源的各种标准和共识。

允许和限制行为的规则。这包括对不遵守规则的制裁。

与其他个体的互动。这包括在一个制度内可能发生的微观层面的相互作用。

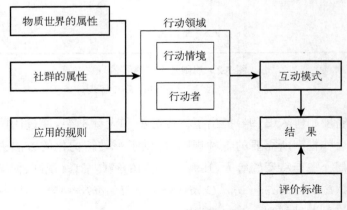

图 3.3　行动领域

资料来源:改编自 Ostrom et al.,1994:37。

这些因素会影响行动领域。行动领域包括决策过程中的参与者,他们占据不同的职位,必须根据他们所拥有的信息以及他们自己对成本和利益的看法来确定行动路径。参与者互动的方式将决定决策过程的结果,尽管之后的评估可能会改变这个结果。行动领域成为制度分析和设计框架的基本分析单位。

奥斯特罗姆(1990)除了阐述上述七种规则之外,还区分了开放性规则与封闭性规则(前者是可以讨论和修改的,后者是固定不变的)。她还提出了一套层次分明的规则,从关乎制度运作方式的操作规则和涉及决策方式的集体选择规则,再到界定规则自身修改方式的最高规则(constitutional rule)。每一个层次的功能、规模和通用性都各有不同。例如,操作规则可以在面临新情况的时候迅速予以修改,而最高规则的性质决定了如果要对制度的规则制定程序加以改变,则需要更长时间的实践去证明。

"善治"这个概念指的是一系列确保治理以民主和公正的方式进行的原则,它是与治理一同出现的。它强调在任何决策过程中都需要明确的权力界限,以便在公平的过程中产生信任,以及有人对由此产生的决策及其后果负责(Hyden,1992)。它主要是指通过建立透明可靠的制度来监督规则及其制定过程。善治已经被用来促进某些具体的进程,比如为开展自由贸易和减少政治腐败创造条件。世界气象组织、联合国环境规划署和科学理事会于1986年建立的温室气体问题咨询小组(AGGG,早于政府间气候变化专门委员会两年)的命运表明,不建立透明的决策过程所产生的问题是不容小觑的。温室气体问题咨询小组虽然让科学家与决策者进行了对话,但是由于会议基本上都是闭门召开的,而且为其提供资助的大部分是慈善资金机构,它们的动机使人怀疑,对话因此失败。这种缺乏透明度的做法意味着该组织在科学和政治层面失去了合法性,于是到1990年就被废弃(Agrawala,1999)。相比之下,政府间气候变化专门委员会(本章后续将会讨论)成为一个成功的机构,因为它在科学和政治层面保持公开透明,并且拥有明确的规则和程序。

公共池塘资源管理

公地悲剧的假设是,个人会从自己的利益出发,最大限度地从共同资源当中获利。让我们回到哈丁所举的例子。一块草场由多位牧民共同使用,因为每个牧民都想放养更多的牛,这种行为最终会破坏这一资源。过去的建议是,这种自私的行为必须由政府加以纠正——政府可以出台规定限制滥用公共资源。近年来,市场学派认为对这一问题的解决办法是将公共资源私有化,建立一个外部调节的市场,谁过度使用谁承担成本。虽然政府管制和市场调节是两种对立的解决办法,但它们在结构上其实是相似的,因为它们都假设个人是孤立行事的,从而希望通过施加外部控制(无论是法律手段还是市场手段)来设法避免这种悲剧。

奥斯特罗姆提出了市场调节和国家监管这两种外部协调机制之外的另一种选择。她对使用者孤立行事这一假设提出了疑问,用研究成果揭示了一些依靠诸如渔业或牧场等公共资源的传统社会是如何发展出内部协调机制的,这个机制使得他们在很长一段时间内可持续地使用公共资源。例如,牧民可能会制定一套牧场使用规则,其中可能包括关于哪些人何时可以放牧以及放牧程度的规定。

由使用者自行制定的规则,通常比由外部政府组织设计的规则更为有效。

正如奥斯特罗姆(1990:17)所指出,"牧民每年都在同一块草场上放牧,他们对草场地的承载能力有详细而相对准确的了解"。对于一个外部权力机构来说,要深入了解一种资源,包括在不同时间它如何应对不同的使用类型和使用水平,往好里说,代价非常高昂而且很耗时;往坏里说,这个任务不可能完成。牧民世代积累的经验,怎能指望一个外来机构全部掌握呢?

布莱恩·韦恩(Brian Wynne,1996)在对切尔诺贝利灾难之后威尔士高地放射性尘埃的经典研究中,详细讨论了牧羊人如何比受命研究产品禁售时间的科学家更了解生态系统。虽然科学家全面禁止了整个地区的羊肉销售,但是不同条件的土壤实际的污染程度变化很大,这反过来影响了羊群食用的牧草。没有让当地牧民参与决策过程,导致实际做出的并非是最优决策。

当地居民除了比专家更了解实情之外,对自己制定的规则也更加容易接受。外部制度(无论是市场还是政府监管制度)制定的规则需要雇人来执行,但对于居民自定的规则,由于深知任何违规行为都会造成伤害,因此他们会确保规则得到遵守,共同监督每个人对资源的使用情况。

奥斯特罗姆认为,政策文献往往忽略了使用者可以在内部管理资源使用的可能性,因为这些规则对外部观察者来说通常不那么明显。正如奥兰·杨恩(Oran Young,1982:18)所指出,"社会制度可能也的确经常得到正式的表达(在合同、法规、章程或条约中),但是这既非社会制度运行良好的表现,也不是运行良好所必需的条件"。正如上文所述,非正式规则与正式规则同样重要,传承的习俗、传统和更深层次的社会结构通常看起来与资源使用无关,实际上却都发挥着各自的作用。但现实情况却是,"当执法者不是外部政府官员时,一些分析人员会认为没有执法者"(Ostrom,1990:18)。案例分析 3.2 以土耳其渔民社区制定的一套用来预防过度捕捞的内部规则为例,展示了公共资源管理是如何在实践中发挥作用的。

对公地悲剧的经典回应是错误的,因为这些理论认为个人无力改变自己的状况。相比之下,奥斯特罗姆认为分析人员应该关注能使社区自行组织和制定规则来可持续地管理共同资源的内部和外部因素。她提出了八项确保合作的设计原则:

清晰地界定边界。必须明确界定需要管理的资源系统以及衡量每个人使用情况的单位。

成本与收益成比例。每个使用者按照需求分配资源量。

集体决策安排。受相关资源的选择影响的所有人都必须参与与这种资源相关的决策过程。

监督。对资源及其使用者的行为加以监督至关重要,而监管者应该直接对使用者负责或者自己就是使用者。

分级制裁。滥用资源的处罚应该根据滥用的程度递增。

冲突解决机制。如果发生冲突,解决方案应该是低成本的,并在当地解决。

对组织权的最低程度的认可。由于使用者对相关资源拥有长期的权益,所以应该允许他们按照自己的意愿组织他们的利益,其中包括组织新的机构。

嵌套式组织。在相关资源需要对当地行动实行全球协调的情况下(如生物多样性保护),上述设计因素应该按不同规模以嵌套的形式进行组织。

通过这些设计原则,奥斯特罗姆运用她在发展中国家获得的关于传统社会的见解,来探询如何使发达国家公共资源的使用更加具备可持续性。显然,这个任务并不简单,全球性的公域比单一的内陆渔场要复杂得多,如果将奥斯特罗姆这几条原则套用到大气治理上面,就会立刻发现扩展这种模式的潜在问题。无论是大气本身,还是它的使用单位都不容易定义,这将在第六章进行探讨。原则上,关于大气的集体决策需要全世界所有人的参与,因为每个人都会受到滥用大气资源所造成的全球变暖的影响——很明显这是做不到的。让使用者相互监督也很困难,因为温室气体的排放是看不见的,一个使用者违反规则超额排放所造成的影响无法立即被检测到。奥斯特罗姆的设计原则的最后一点为这些问题提供了部分答案:必须把全球公域当作一个嵌套事业进行管理,先由地方性的资源管理系统进行协调,然后再在全球范围内进行协调。但是将不同规模层面的治理衔接起来还面临许多挑战。

案例研究 3.2

阿拉尼亚渔场

菲克里特·伯基斯(Fikret Berkes,1986)描述了一个由 100 来名渔民组成的社区如何制订一套内部规则,来管理位于土耳其境内阿拉尼亚海岸的单一内陆渔场。20 世纪 70 年代,过度捕捞导致产量飘忽不定,渔民为了争夺鱼群最密集的捕捞点发生暴力冲突。后来渔民组成合作组织,制定了一套规则保护共同资源,提高每条渔船的年捕捞量及其可预测性。这一合作组织对渔民实行登记制,并对捕捞点编号,然后以抽签方式进行分配。从每年 9 月到次年 1 月,渔民每天向西移动一个捕捞点,从 1 月到 5 月则倒过来,每天向东移动一个捕捞点。这种移动方式符合鱼类的迁徙路线,确保每艘渔船有平等的机会在每个捕鱼点进行捕捞。

这套规则有许多优点:

- 捕鱼点之间相隔足够远,一艘船的网不会影响相邻船只的捕捞。
- 不会将资源浪费在寻找捕鱼点或争夺最佳地点上,因为他们就好像处于自由市场,得到每日分配的捕获量。
- 渔民相互监督,任何违规行为通常在当地的咖啡馆解决,而不需要高代价的外部干预。
- 捕鱼点和移动方式建立在渔民数十年的知识和经验上,让这套规则的作用最大限度地发挥出来,这是外部的政府监管无法做到的。
- 这套规则反映了资源的动态性,即捕鱼权每日调整反映鱼的分布和数量的变化。如果实行产权私有制度,即每个渔民都拥有某个特定捕鱼点,就不可能有这种灵活性。

> 　　正如奥斯特罗姆(1990：20)所得出的结论，"阿拉尼亚提供了一个对共同财产自我管理的范例，其中的规则由参与者自己设计和修改，并由他们自己监督和执行"。类似的例子，也就是社区自我管理灌溉系统、公共森林和狩猎权等，在世界各地都有记载。

关于规模的说明

　　环境问题在不同规模上的表现方式在"全球思考，本地行动"(Think global, act local)这一里约的准则中得到诠释，它反映了一个被普遍接受的从地方到国家再到国际层面的层级结构(Kutting & Lipschutz, 2009)。这种层级结构支撑了嵌套式机构的理念，即每个机构都像俄罗斯套娃那样嵌套在一个更大的机构里。例如，欧盟设有欧洲环境署(EEA)，它在欧洲范围内行使权力，而每个欧洲国家都有自己的国家环境机构，其下又设区域分支。通过这种方式可以将机构嵌套起来，让信息从地方机构流向国际，然后再返回。

　　关于规模的文献有很多，值得我们做个简要的回顾。规模是环境治理的一个重要概念(Sayre, 2005)。社会科学家强调过在不同规模上构建问题如何对后续处理产生重大影响。正如达菲(Duffy, 2006：109)所指出的那样，研究国家、全球和地方层面之间的相互作用非常重要，因为它们之间不是"零散和孤立的，而是交织在一起的"。这种联系意味着环境问题可以在不同规模上加以构建，以满足不同的目的。例如，前面讨论过的许多放到全球范围构建的环境问题，引发了"同一个世界"的言论，这让某些观点和解决方案受到偏爱。科威尔(Cowell, 2003)在研究南威尔士卡迪夫的跨越塔夫—埃利耶斯图亚里(Taff—Elyestuary)的拦河坝时，展示了如何将该项目的规模重新扩大到超国家层面，让其成为欧盟的一个议题，从而把重要生态栖息地丧失重新定义为一个国家层面的问题，而不是一个本地层面的问题，最终达成在异地开辟栖息地的解决方案。

　　但是，这并不是说，在地方的行动必然要比在其他任何层面的行动都好。布朗和普赛尔(Brown & Purcell, 2005)所讨论过的环境与发展中的"地方陷阱"(local trap)，就是简单地认为把决策和行动下放到地方就一定是最公正和最有效的治理方式。地方治理安排往往受到主要利益相关者之间原有的紧张局势和权力制衡的制约,从而无法从在较高层面解决问题时产生的规模经济中受益。为了确保治理按照当地的情况开展,有时与重新发明车轮无异,因为这通常会因为资源过于摊薄而效果不佳。

环境治理面临的最大挑战之一,就是要克服政治规模和生态规模之间的错配。例如,流域是由连贯的生态单元组成的,捕鱼、取水和污染治理等资源管理问题,从全流域的视角才能得到最好的处理。但是,历史上河流更多地被用作政治边界,使得流域管理分属不同的辖区。许多环境治理举措试图在连续生态单元的基础上建立管辖权,如"欧盟水框架计划"(EU Water Framework Directive)将利益相关者召集在一起共同管理流域(White & Howe,2003)。诸如生态区甚至城市区这样的概念,试图在更大范围内把政治单元与它们所依赖的生态和经济空间更紧密地联系起来。但是迄今为止,在生态范围上进行的治理往往是叠加在先前的政治范围之上,而不是取而代之。权力和合法性在传统的政治机构中的地位仍然稳固,从而让既定的治理范围变得难以打破(Sneddon,2002)。

一些理论框架则完全否定规模的重要性。例如,治理分析 3.1 讨论的行动者网络理论,就认为不存在规模这一说法,只有以不同方式将人类和非人类连接在一起的网络。巴克利(Bulkeley,2005)探讨过这场辩论的理论复杂性,讨论了环境治理研究运用规模和网络概念的方式。

治理分析 3.1

行动者网络理论

行动者网络理论(ANT)认为世界是由网络构成的,而不认为网络是对世界的抽象描述。在《我们从来都不是现代人》(*We Have Never Been Modern*)一书中,布鲁诺·拉图尔(Bruno Latour,1993)将路易斯·巴斯德(Louis Pasteur)在 1857 年发现酵母菌描述为一个细菌、显微镜、科学家与其贵族赞助者,以及路易斯向其展示发现成果的有识之士之间如何形成网络的故事。行动者网络理论的关键见解在于细菌在被法国人发现的过程中发生了变化,因为正是在显微镜下观察这些细菌的行为,将它们纳入了一个人与事物构成的新网络。

　　行动者网络理论扩展了对非人类以及人类采取行动的能力。欣奇利夫（Hinchliffe，2001）认为英国疯牛病的核心是朊病毒，但这种病毒在牛脑中的确切作用科学家也无法确定。非人类行动者的例子在环境领域有很多，从北极熊这类人见人爱的物种（显著影响着公众对气候变化的反应），到食物（会腐烂）、水（流动，有时是洪水且不可压缩），还有近年来广受关注的碳（它在各种生态系统的进出仍不确定）。关注非人类因素那些矛盾的并且往往还是不可知的行为，使得不确定性被赋予作为一个行动者的本体论地位，而不是简单地被认为是认识上的不足，是可以纠正的，或将被无可阻挡的进步所打败。因此，行动者网络理论对环境问题做详细的分析，其中包括将非人因素作为主体，而不仅仅是治理的对象。

　　回到规模的话题上，行动者网络理论是建立在关系本体的基础上的，这意味着它关注的是行动者之间的联系，而不是它们在空间中的实际分布。换句话说，组织可能位于地球的两端，但如果通过各种熟人、信任纽带和定期合作联系在一起，它们实际上要比在一栋楼里却彼此不认识的组织关系更近。关系本体完全没有规模的概念，因为如果只谈论关系，规模就没有了意义。一个典型例子是铁路。它可以是地方的、地区的或国家的铁路，这取决于它的规模。从这个意义上讲，铁路本身没有规模。行动者网络理论并不需要复杂的概念来理解不同规模之间的联系，而只是关注谁或什么是相互关联的。

关键行动者

　　规则和制度为治理搭好舞台，就到了引入主要行动者的时候。本节将探讨国家、社会、企业、超国家组织、非政府组织、国际科学咨询机构和次国家行动者。对每个参与者的讨论，都只是为后续章节提供必要的背景，因此均不是十分详尽。

国家

　　无论国家是否被视为治理的重要参与者，了解它的本质和运行机制，对于理解任何形式的治理都是有必要的。许多政治和社会理论认为,国家只是简单地反映了社会中特定群体的利益。比如说,多元论就强调了国家代表和推动众多不同社会利益的方式,新马克思主义者则认为国家在推进资产阶级(中产阶级)的利益。结构主义者将国家定义为一个聚合利益和制定政策的体系,但他们更多关注的是发挥这种功能的政治过程,而不是国家本身(Kjaer,2008)。

相比之下,以国家为中心的理论认为,国家不能简化为具体的社会利益或政治体系,而是构成一个自主的行动者(Kjaer,2008)。新国家主义者认为,国家的自主能力是其差异化和专业化的产物,这让它有能力在广泛的领域制定和实施政策。新国家主义者还呼应新制度主义的观点,认为政策往往源自国家内部,是官员和官僚网络随着时间的推移而采纳新思想,而不仅仅是为了应对外部不断变化的社会或经济利益的需求(Almond,1988)。人们经常谈起"国家"或"政府",就好像它们是单一和统一的实体,实际上它们的结构和活动是高度分散的,由权力和职责常有重叠的多个部门和机构组成(Jones & Evans,2006)。本书不详细论述国家如何实施各种治理模式,因为那将闯入政策研究和公共管理的领域;但是,本书会对比不同治理模式对国家角色的不同定义。

由于治理涉及国家和非国家行动者,在过去的研究文献中,学者们已就国家的实际角色进行了旷日持久的争论。在网络治理模式的倡导者看来,国家的作用不仅被削弱,而且从根本上被重新配置,因为它已成为参与治理的众多利益相关方之一。但是其他学者质疑国家主导的治理是否真的已经被取代(Davies,2002)。从那些能立刻想起的事例来看,虽然大体上看很吸引人,但是国家治理的危机可能被夸大了。不管是通过制定教育、福利或健康议程,或是对移民进行管理,各国政府仍然有力地控制着各自的公民。韦伯式的国家官僚机构并没有消亡,而且仍然体现出许多民主和良好管理的规范性特征。此外,国家政策还塑造着商业活动。正如霍金斯(Hawkins,1984)指出的,"定义和出具批文的权力,最终是让人们失业、阻止新企业的开设或赶走现有企业的权力"。也许最有意义的是,正如2008年的金融危机揭示的那样,就连私有部门归根结底也依赖于国家的资源。治理网络本身就包含失败的可能性,真正失败的时候就是国家来收拾残局(Jessop,1999)。虽然政府机构及其用以达成目标的手段发生了巨大的变化,但在许多情况下政府仍然控制着游戏规则(Pierre,2000;Pierre & Peters,2000)。

公民社会

公民社会在环境治理中发挥着关键作用。像尾气排放这样的不定源污染在很大程度上是由社会产生的,因此要解决这个问题就必须进行社会治理(Landy & Rubin, 2001)。可持续发展强调的是规范的观念,即公民应该有能力影响他们居住的地方的管理方式,强调地方行动和社区包容。公众也对自己所处的环境有宝贵的认知,在某些地点这种认知比科学家或外部专家更准确。正如欧文(Irwin, 1995)所说,如果公民没有可能获得控制权,就不会有可持续发展。

奥斯特罗姆提出的公共资源社区自我治理的诸多益处,同样适用于可能影响他们的更广泛的环境问题,无论这些问题是在当地还是在其他地方。公民环保主义源自北美地区,是发达的思想流派之一。它鼓励当地社区"本地思考,本地行动",来解决他们认为重要的环境问题。约翰(John, 1994: 7)在这个流派最著名的一篇论文中说:"公民环保主义的核心思想就是在某些情况下,社区和国家将自行组织起来保护环境,而不是被迫这样做。"同样,兰迪和鲁宾(Landy & Rubin, 2001: 7)指出,"在现实世界中,人们不仅仅把自己视为财产所有者或消费者,而且作为邻居、朋友、教区居民和公民"。"公民环保主义"中的"公民"一词表明,人们参与环境治理并不是因为一些"建立起来的环境准则或履行对国家的承诺,而是源于其作为环境一员的责任"(Karvonen & Jocum, 2011)。参与的居民也提高了他们对环境价值的认识。正如最近的研究表明,参与农贸市场等当地的环保活动能增强公民的生态意识(Seyfang, 2006)。

企业

人们通常用"零和"(zero-sum)去描述商业目标和环境保护的关系,即经济增长自然会对环境造成伤害(Welford & Starkey, 1996)。毫无疑问,资源开采造成地表破坏的例子很多。同样,工业生产往往耗费大量能源和水,并以化学物质、废气、废水、固体废物、噪声、粉尘和气味以及产品本身(从最终处置看)等形式产生污染。从社会经济层面看,企业在就业和员工福利方面对环境产生影响。私营公司给环境带来灾害的例子比比皆是。举两个截然不同的例子:2010年英国石油公司(BP)在墨西哥湾的深海石油泄漏,可能使公司的损失超过300亿美元;而在日本的水俣湾灾害当中,化工厂在1930年到1960年期间将水银倒入海中,成千上万的人由于食用了受污染的鱼而甲基汞中毒。

由于企业对环境的影响巨大,它是环境治理的重要力量,这也是为什么可持续发展的前提假设是环境保护与经济发展可以兼得,从而实现双赢局面。有人认为环境保护本身就是门好生意,因为这样企业可以节省生产成本,提高公众形象(Welford & Starkey,1996)。在德国和荷兰等国家,大企业与政府密切合作,在生态现代化的治理模式下指导环境政策(见治理分析 3.2)。

工商业对待环境的态度经历了若干阶段。在 20 世纪六七十年代时工商业断然否认存在任何环境问题,为此招致 20 世纪 80 年代的集中监管加强,到 20 世纪 90 年代越来越达到环境监管要求,进入 21 世纪则开始出现环境领导者不再满足于只遵守最低限度的法律要求(Berry & Rondinelli,1998)。面对客户和投资者的市场压力、政府的监管压力以及非政府组织和公众的社会压力,企业必须设法改善经营活动对社会和环境的影响,而治理是在此基础上,以强制的形式推动企业自愿以更加环保的方式经营。

治理分析 3.2

生态现代化

形成于 20 世纪 90 年代的生态现代化理念认为,未来工业的健康发展依赖于保持环境资源的"可持续基础"(Mol,1995)。它主张通过大企业与政府密切合作制定环境政策来改善环境,而不是依靠强有力的政府监管(Fischer & Freudenberg,2001)。

生态现代化以技术为中心,极其依赖科学研究和技术专长开发新技术,以实现环境友好型经济增长。它采取的是管理方法,包括自发的行动和自我管理形式,而不是采取法律手段和对抗性的政府监管。它切实强调解决工业问题,这为政府官员诠释政策提供了很大空间,同时要求有更加宽松的新政治结构(Spargaren,1997)。政策的制定和落实是社团主义式的(corporatist),也就是政府与其政策意欲影响的企业沟通密切。正如德雷泽克(Dryzek,1997:144)所述,生态现代化"意味着政府、企业、温和的环保主义者和科学家之间的合作关系。监管措施往往是用经济可行性和技术可行性去界定,将环境政策与经济政策紧密结合,以鼓励技术创新"(Young,2000)。

治理在本质上要求国家是多元的,在决策过程中兼顾多方利益,但是批评者则认为,生态现代化创造的是新社团主义国家,过度强调商业利益。事实上,有些人认为生态现代化的成功是因为它服从以私营企业利益优先的右翼政策;另一些人则认为这一理论实际上只反映了20世纪80年代和90年代德国和荷兰的发展情况,和其他地方没有关系。尽管如此,现在大多数政府在制定监管制度时都会与工商业领导者密切协商,在做出可能影响工商业的决策之前也会开展密切协商。

超国家组织

超国家组织把多个民族国家联合起来,在协调全球层面的集体行动方面发挥着至关重要的作用。其中,联合国在组织国际环境会议、组建国际环境协议组织及秘书处方面发挥了核心作用。

联合国成立于1945年,取代了之前的国际联盟(League of Nations),其既定目标是通过国际合作维护和平与安全,帮助解决国际经济、社会、文化和人道主义问题,促进对权利和基本自由的尊重。第二次世界大战后,联合国积极推动被英国社会学家安东尼·吉登斯(Anthony Giddens,1990:139)称为"失控的重型卡车"的全球化进程,意在使各国之间的关系更加紧密,从而防止新的世界大战爆发(不管全球化可能遭受何种指责,它在这方面都取得了成功)。

联合国有6个主要机构:联合国大会(主要会议)、安理会(涉及维护和平)、经济及社会理事会(协调联合国在这些领域的工作)、秘书处(为联合国其他机构提供信息和支持)、国际法院(司法部门)和信托投资理事会(现在是冗余机构)。教科文组织、粮农组织和世界卫生组织等一些专门机构,则作为这6个机构的补充,在教育、食品和卫生等显然需要国际协调和联系的领域发挥作用(Speth & Haas,2006)。

最初,联合国的工作大多是规范性的,涉及制定议程和促进合作,而不是参与实际工作,但联合国大会为应对全球合作和发展的需要,不断加设专门机构和附属机构,这种情况也随之改变。目前有17个专门机构通过经济及社会理事会向联合国大会汇报,还有超过12个附属机构直接向联合国大会和经济及社会理事会汇报。这些组织在规模和项目方面存在巨大的差异。经济及社会理事会还设立了区域附属机构(如非洲经济委员会或欧洲经济委员会)以及关于自然资源和科学技术发展的常任委员会。

作为最重要的全球环境机构,联合国环境规划署(UNEP)的起源对了解当前环境治理的运作十分重要。该署在 1972 年的斯德哥尔摩人类环境会议之后成立,当时人们对于全球环境机构应该做什么或者应该如何建立,几乎没有什么共识。北欧国家赞成在联合国内部组建一个环境理事会,另一些国家(包括英国、美国和法国)则反对设立一个强大的、独立资助的机构,他们更倾向于以一个规划项目的形式。正如联合国第三任秘书长吴丹(U Thant)所说的那样,环境署的主要作用是作为一个"交换机"组织,协调和促进联合国其他机构的环境工作,但他也表示环境署需要强大到足以"监督和执行"自己的决策。该机构的正式职责是通过以下方式推动各国按照连贯的过程制定环境治理决策:

- 提供环境政治的国际框架;
- 建立国际环境数据库;
- 建立一系列环境协议。

虽然环境规划署与许多联合国机构相比规模相对较小,但它促进了一系列成功的国际环境协定,从 1973 年保护濒危物种贸易的《濒危物种国际贸易公约》(CITES),到 1979 年的《远距离越境空气污染协定》。

联合国环境规划署尽管成绩卓然,却也招致诸多批评。有人认为环境规划署的信念在政治目标和科学目标之间无法统一,而大多数人认为它缺乏有效协调的资源和工作人员。有人可能会辩称,第一个问题是任何与环境相关的组织所特有的,因为它与许多其他相关的领域重叠。但是第二个问题更具体,更像一个规划项目而不是一个机构会面临的问题。这意味着这一组织主要靠捐款,而不是靠预算划拨筹备资金。筹款会花费宝贵的时间,而且很多捐赠可能空有承诺,最终不会兑现。尽管其年度预算从创立第一年的约 2 000 万美元增加到 2003 年的 1.2 亿美元,但其中只有不到 4% 来自联合国。这种情况导致环境署只能把重点放在一定范围的事项和举措上,而且持续时间有限,从而导致其活动看起来有些杂乱无章。

将联合国与欧盟做一番对比是件很有意思的事情。前者有 192 个成员国,而全球目前有 245 个已经得到承认的国家;后者有 27 个成员国,是环境领域最重要的区域性超国家组织。欧盟的起源与第二次世界大战后人们寻求稳定的诉求相关。1957 年《罗马条约》建立了欧洲经济共同体,1993 年《马斯特里赫特条约》建立了欧盟。与联合国不同,欧盟对成员国负有保护环境和实现可持续发展的义务,它协调成员国的环境政策,以确保经济竞争有一个公平的环境(Axelrod et al.,2005)。它是世界上最大的环境政策制定者,并且试行过创新的治理计划,如"水框架指令"(Water Framework Directive),要求各成员国政府为其主要流域制定"流域管理计划"(River Basin Management Plans)。欧盟发布框架指令规定共同目标,但给成员国留出空间,让它们自己决定如何实现目标(Jordan,2002)。与联合国的协议不同,欧盟成员国不能选择是否加入,而是在法律上有义务执行框架指令,否则将面临巨额罚款。另外,欧盟由成员国直接资助,并经民主选举产生议会议员。

欧盟虽然不能像联合国那样协调全球行动,但它在环境缔约谈判中是作为一个整体出现的,这使它拥有强大的外交能量。因此,欧洲的军事或经济影响力可能不如美国或中国,但是它在环境改革方面可能会成为全球的典范,发挥重要的作用(German Advisory Council on Global Change,2009)。

非政府组织

非政府组织在很多方面都是治理的产物,所以它们在推动集体行动方面发挥的关键作用并不令人惊讶。本书讨论的许多案例分析都涉及非政府组织。如果没有非政府组织,很难想象今天的政治格局会是什么样子。但它们是紧随第二次世界大战的结束才开始出现的,主要是由联合国这样的国际机构来帮助实施计划和应对人道主义突发事件。联合国创造了非政府组织(NGO)一词来区分公共的政府间组织,以及与之合作的私有国际组织(Willetts,2002)。自第二次世界大战结束以来,非政府组织的数量和多样性暴增。作为公民社会的代表,它们是现代治理思想的组成部分。治理非常强调非国家行动者的参与,以提高决策的合法性。吉米尔和巴米德勒伊祖(Gemmill & Bamidele-Izu,2002)毫不夸张地说:"国际决策的合法性可能取决于非政府组织,它们确保与世界各地民众联系在一起的方法,也是真正人民主权的替身,这是那些没有实行民选官员的国际机构所缺乏的。"

非政府组织在环境领域具有很大的影响力,许多组织还行动高调。绿色和平组织和地球之友都是家喻户晓的全球性非政府组织慈善机构,但它们成立之初都是抗议组织。以绿色和平组织为例,它们最初是一批来自美国西海岸的反战示威者,在1971年租来一艘破渔船,穿越美国阿拉斯加州的安奇卡岛(Amchitka)上的核武器试验区。他们的行动引起了公众的兴趣,并为后来非政府环保组织的建立定下了基调。这些组织在使环境问题引起政界人士的关注方面发挥了关键作用。环境保护主义从反主流文化转变为关注正式的政策,背后是非政府组织的一连串成功的运动。从荒漠化到气候变化等问题,通常经过它们精心设计,目的就是激发民众性和政治性行动。

如今非政府组织的确切数量不得而知,但是肯定相当可观。仅菲律宾就有 18 000 个非政府组织。而欧洲环境署作为非政府环保组织和欧盟各地之间的牵线人,拥有 132 个欧洲成员,代表着 14 000 个成员组织和 260 个联合组织。非政府组织的惊人发展,得益于治理本身的兴起,环境问题的高度复杂性,以及让沟通变得廉价而高效的通信技术的发展(McCormick,2005)。

非政府组织在环境治理中扮演了五个主要角色(Gemmill & Bamidele-Izu,2002):

- 收集、传播和分析信息;
- 为议程设置和政策制定流程提供建议;
- 执行操作功能;
- 评估环境条件并监测对环境协议的遵守情况;
- 推进环境正义。

非政府组织在治理方面有不同程度的参与,扮演着许多角色,包括向政府或行业提供咨询、起草条约,甚至从事一些监管活动(Chamowitz,1997;Cashore,2002)。它们既代表其成员行事(虽然民主程度不同),本身也是重要的政治压力集团,常常直接参与国家和国际政策的制定(Betsill & Corell,2008)。非政府组织之所以是有价值的合作伙伴,是因为它们可以做政府和私营公司根本做不到的事情。非政府组织通过补充、替换、绕过甚至代替传统的政治组织,正逐渐接上政府止步的行动或者开展政府尚未开始的事情(Princen et al.,1994:228),进军政府或企业无法涉及的领域。

非政府组织可以在特定的地区迅速做出反应,因为它们在当地有事先建立的联系。在一个政府直接援助另一个政府的做法被一方或双方视为在政治上是不受欢迎的国家,非政府组织也可以起作用(Simmons,1998)。同样,非政府组织运行的环境网络可以促使公司加入进来,追赶其竞争对手,否则在这样的环境里它们无法向董事会或股东证明单个企业行为的合理性。它们还为国家的直接监管提供了一个可接受的替代形式,如监督私人对环境协议的遵守情况。

虽然政府和国际机构试图让非政府组织参与治理,但是非政府组织掌管和参与的机制大都是非正式的、无约束的,从而造成非政府组织过度代表特殊利益集团的危险。例如,强调热带森林作为全球环境治理的重点,主要是发达国家非政府组织在 20 世纪 80 年代进行游说的结果,这些非政府组织的成员热衷于保护雨林(Humphrey,1996)。以对气候变化的影响而言,泥炭地的碳汇规模实际上更大,但是由于没有得到非政府组织的大力推动,它几乎没有被提上全球议程(Joosten & Couwenberg,2008)。

此外,认为全球环境非政府组织都有相同的目标和方法的看法是错误的。例如,发达国家与发展中国家之间的政治紧张局势,也体现在全球非政府组织领域(McCormick,2005)。非政府组织的集资也可能是不透明的,但也许和大学这样的学术组织没什么两样,除了许多其他的捐助者之外还依赖政府资助。

限制非政府组织参与治理的做法存在危险,因为它们的长处在于多样性和新颖的互动形式;但是真让它们参与重大决策的时候,对它们的选择和运作就必须是透明的,并接受公开审视。为了缓和这一问题,可持续发展委员会(Commission of Sustainable Development)确定了民间团体中 8 个主要群体(妇女、儿童和青年、土著居民和社区、非政府组织、工人和工会、科技界、工商业、农民),旨在让非政府组织参与治理时确保其代表群体的多样性。

国际科学咨询机构

国际科学咨询机构代表了一种机制,通过这个机制能将科学家为决策者提供的对环境问题的建议制度化和正式化(Biermann & Pattberg,2008)。他们介绍地球的不同组成部分,如大气层和生物圈,提供有关全球环境的前沿科学知识。

例如,"千年生态系统评估"(Millennium Ecosystem Assessment)是在 1998 年世界资源研究所(World Resources Institute)召开的会议上提出的,会议明确了在全球环境资源的知识和人们对其的理解之间还存在很大差距。鉴于生态系统变化可能对人类造成灾难性后果,以及全球环保数据的零散性,人们建议开展新一轮国际评估,对地球生态系统做一次摸底。该评估于 2001 年启动,汇集了来自 95 个国家的非政府组织、学术和研究机构的共计 1 360 多名专家,就世界主要生态系统汇编了 5 份技术文集和 6 份综合报告。这次评估向我们提供了科学家们的广泛共识,意在成为日后决策的基础,但也确定了一些因为信息不足无法达成共识的领域。

国际科学咨询机构除了提供全球性的科学概览外,还与国际政策界密切合作,这可能会在科学界和政治界探求真相的模式之间造成紧张局面。案例研究 3.3 以政府间气候变化专门委员会(IPCC)为例探讨了这个问题,该组织或许是最有影响力的国际科学咨询机构。

案例研究 3.3

政府间气候变化专门委员会

政府间气候变化专门委员会通常由来自 154 个国家的 2 000 多名科学家参与,他们的职责是编撰一系列报告,在重大国际谈判之前的关键时刻向各国政府发布。于是,1990 年的报告便是为 1992 年的里约地球问题首脑会议编写的,1995 年的报告为 1997 年的京都会议准备,2001 年的报告为 2002 年的约翰内斯堡地球问题首脑会议准备,2007 年的报告为 2009 年哥本哈根气候变化问题会议准备。

政府间气候变化专门委员成立于 1988 年,取代了 1986 年刚成立的温室气体问题咨询小组(AGGG)。温室气体问题咨询小组被认为过于脱离决策过程,它是一个由精英科学家组成的委员会,由一些具有政治动机的慈善基金会资助。相反,政府间气候变化专门委员会的主要组成人员不仅有科学家,还有他们的政府官方代表。因此,它被认为是一个明显的混合制机构,能在全球气候有关的科学知识基础上产生政治共识(Weart,2008)。

政府间气候变化专门委员会的工作内容是撰写对制定政策有益的报告,而不是就制定什么样的政策做出规定,且它在此过程中非常强调工作方法在科学上的诚实、客观、公开和透明,撰写出的报告还会交由来自世界各地的专家和所有成员国政府严格审查。根据规则,该委员会的成员资格向联合国环境规划署(UNEP)和世界气象组织(WMO)的所有成员国开放。科学家由本国政府单独提名为小组成员,而且为了确保评估报告得到发展中国家的支持,报告的每一章都设有一位主要作者,这些作者既有来自发达国家的,也有来自发展中国家的。这种确保南北平衡的配额制度更加类似于政治而不是科学制度,但是这被视为确保各国面对气候变化问题采取集体行动的先决条件(Biermann & Pattberg,2008)。

根据职位和统稿规定,"第三次评估报告"共有 122 名主要作者、515 名撰稿作者、21 名审稿编辑和 337 名专家审稿人参与。这些报告必须由政府和专家进行双重审查,必须得到每个成员国和所有主要作者的一致同意。这些规则是专门为达成共识并让各国接受而设计的;让成员国签署每份报告,目的是希望它们能够支持在每次国际会议上提出的建议。虽然这个过程会弱化专门委员会科学建议的力度,从而招致许多人的批评,但是它在面对相当大的不确定性和强有力的既得政治利益者的情况下,为集体行动提供了一个政治上可信的、有力的基础。尽管在某种程度上压制了科学家的意见,但是专门委员会多年来提出的建议让它日渐强大。2007 年的综合报告汇总了 4 份独立报告的调查结果,明确表示如果一切照旧,有 90% 的可能会有灾难发生。

专门委员会让政府参与报告的撰写,除了为了获得合法性之外,还有一些非常现实的原因。正如欧贝图和奥特(Oberthiir & Ott,1999:300)所指出的:"参与谈判的人几乎谁也无法把握气候谈判进程的总体情况。"科学和法律细节所导致的所谓"复杂陷阱",需要科学家和政治家不断对话,以确保各方在这个问题上的利益和信息都得到考虑。

次国家行动者

最近的研究强调,由于各地区、地方和城市都开始部署自己的环境治理策略(Bulkeley & Moser,2007),越来越多参与治理的行动者和地点处于次国家层面。贝特希尔和巴尔克利(Betsill & Bulkeley,2004)关于城市和气候变化的研究表明,城市作为自治政治组织在解决环境问题方面的影响越来越大。他们以城市气候保护(Cities for Climate Protection)网络为案例,展示了城市如何越过国家层面的治理,组成跨国联盟来解决温室气体排放问题,并找到解决城市可持续发展的办法。但是,正如贝特希尔和巴尔克利所指出的,它们的有效性仍然受到地方政府普遍缺乏资源的限制。

詹妮弗·赖斯(Jennifer Rice)在她对美国西北部城市西雅图的研究中指出,该市宣称对城市空间进行总体考虑,以三种方式应对气候变化。首先,它将城市环境"气候化"(climatized),让气候变化成为城市总体规划的推动力。其次,它将城市治理"碳化"(carbonized),为所有政府活动建立绿色气体排放清单和整体目标,使公众活动保持碳平衡。最后,它还将碳排放"地域化"(territorialized),把城市划分成不同的地理区域,监测排放情况,设立排放目标。地域化为行动者提供了很好的抓手,比如说它们可以直接影响所在街区的排放量,监测自身行动产生的影响。当然,西雅图比其他地方有一些天然优势,如 90%的电力供应来自几乎不排放污染气体的水电,并且对环境问题的关注在西雅图由来已久,这意味着环境问题很容易获得公众和机构的支持。但不管怎么样,西雅图采用的三重策略原则上适用于所有正在寻求建立有效的气候变化治理的行动者。

一些地区也在采取举措应对气候变化(Benson,2010)。"西部气候行动"(Western Climate Initiative)首次开展于 2007 年,它的参与者包括美国亚利桑那州、加利福尼亚州、蒙大拿州、新墨西哥州、俄勒冈州、犹他州、华盛顿州,加拿大不列颠哥伦比亚省、马尼托巴省、安大略省和魁北克省。该行动的目标是在 2012 年开始强制实行总量控制与交易制度,到 2020 年将排放量在 2005 年水平上降低 15%。发电、运输和工业排放将被全部纳入这个市场。该计划绝非一个噱头,该行动成员的排放量占美国总排放量的20%,占加拿大总排放量的 73%。美国中西部地区和东海岸也有类似的计划:前者在 2007 年达成"中西部地区温室气体减排协议",后者在 2005 年达成"区域温室气体行动"。

国家气候治理的很多个成功案例来自美国,这并非偶然的现象。虽然在国家层面,美国没有在应对气候变化方面发挥领导作用,但是在城市和地区层面的成功行动在全球范围内都可以找到。

结语

本章在探讨环境治理的主要参与者之前,讨论了制度和规则在促进集体行动方面的作用。制度主义理论有助于理解制度在限制其成员可以采取的一系列行动方面的作用。在制度内部,正式和非正式的规则指导集体行动,并且我们确定那些使环境资源可持续治理成为可能的规则的主要特征。将这些经常以传统和习俗的形式存在的规则扩展到有效地、合法地处理大规模环境问题是一个关键的挑战。此外,规则和制度设计的要求也会根据不同治理模式的要求而有所不同。

之后本章讨论的是参与环境治理的关键行动者。在治理之下,政府的组织方式发生了巨大的变化,因为它们有实现自己目标的方法,但是国家在制定环境治理政策框架方面仍然具有相当的分量。考虑到它们对环境产生的巨大影响，社会和企业被认定为环境治理的关键行动者，既是非点源污染的来源，也是地方层面的行动者。治理的关键在于让国家、社会和企业自愿地参与到治理过程中来。

　　除了上述三个行动者之外，还有一些行动者已经成为更广泛的治理转型的一部分。在国际层面上，像联合国这样的超国家组织在把国家联合起来解决环境问题上是非常重要的。在次国家层面，像城市和地区这样的行动者正在对治理领域进行重新划分，凸显了联系对于协调各级之间的行动的必要性。非政府组织在许多方面都是治理的产物，它们介入并履行国家不能履行的义务，并且在公民社会组织和超国家组织之间发挥了重要作用。同样，代表科学知识的政治共识机制的国际科学咨询机构，以类似的方式把全球科学界和政策界联系起来。

　　在设定了框架并探讨了主要参与者之后，下一章将讨论全球环境治理的问题。

思 考 问 题

- 制度是谁创建和设计的？
- 设计一套规则来管理一个代表你所在阶层的制度。

重点阅读材料

- McCormick, J. (2005) "The role of environmental NGOs in international regimes," in N. Vig and R. Axelrod (eds) *The Global Environment: Institutions, Law and Policy*, London: Earthscan, 52–71.
- Ostrom, E. (1990) *Governing the Commons: The Evolution of Institutions for Collective Action*, Cambridge: Cambridge University Press.

第四章　全　球　治　理

学完本章之后你应该可以：
- 理解全球环境治理展开的过程和架构；
- 确定与环境有关的重要会议、机构和协议，并评估其影响；
- 理解实施治理的重要性以及面临的挑战；
- 讨论围绕全球环境治理机构展开的关键争论。

概述

　　当今社会面临的环境问题在本质上是全球性的，没有哪个机构，哪套规则，或者哪个总体社会契约或文化价值框架，可以担当起协调应对行动的责任。当前的全球治理体系是在缺乏统一的政治实体的情况下发展起来的，这导致各种机构要负责制定全球政策，让各国在没有全球政治体制或政治实体执行的情况下愿意遵循（Hajer，2003）。

　　本章重点讨论全球环境治理的三个核心要素：

　　过程：用以解决环境问题的国际会议；

　　架构：用以执行国际会议达成的各项协议的机构；

　　实施：确保各项协议能够付诸实施。

　　本章特别关注联合国组织的多个会议，从 1972 年的斯德哥尔摩人类环境会议到 2009 年的哥本哈根气候变化大会，对以上三要素的优劣做出评估，并对围绕全球环境治理机构展开的关键争论做出分析，最后探讨这些机构面临的重大挑战。

过程

虽然各国可以单方面行事,也就是单独采取行动,但是环境问题的跨国界性质意味着只有采取多边行动,即集体行动,才能解决相应问题。全球环境治理主要由国际会议推动,这些会议的目的就是协调多边行动,应对环境问题。会议召开的目的是回应国际社会的关切,而国际社会的关切又是由社会舆论或国际科学界推动的。联合国组织的国际会议起到的最大作用,是将环境保护正式确定为世界各国政府的政治关切。

有了联合国这样的机构,国家之间就不必一一谈判了。由这些机构制定一套共同商定的谈判规则,国际合作便可以有效展开。因为所有国家都同意遵守这套规则,所以国际会议所达成的结果反映了各国共识,而不仅仅是强国的意志。在治理分析 4.1 中提到的关于国际关系的新现实主义模式,将这些机构看成各国的联结点。

在会议召开之前,国际谈判委员会通常会收集大量信息。这项工作有时毫无收效,有时则变得相当重要,促成在后来的几年甚至几十年内一系列会议的召开。没有全面的指导战略,解决环境问题的过程看起来可能杂乱无章,因此正如案例研究 4.1 所探讨的,国际组织有时必须以机会主义的态度去利用政治条件达成协议。

治理分析 4.1

国际关系学

国际关系学研究的是各主权国家之间如何交往,包括政府间组织、非政府组织和跨国公司的作用。国际关系学理论流派林立,分别用各自的方式阐释国家的行为,其中最有影响力的是现实主义、新现实主义和自由主义理论,它们都涉及全球环境治理。

现实主义的国际关系学理论关注的是 1648 年《威斯特伐利亚和约》(*Treaty of Westphalia*)确立的民族国家体系,该体系围绕国际法的原则和文书而构建。主权国家好似一个个台球,每个都是独立的法律实体,各为其利,彼此的关系主要由用以维护利益的军事力量来决定。国与国之间几乎不存在真正的合作,只存在权力的制衡。现实主义者眼里只有国家,并不关心治理本身。

新现实主义对体制(regime)这一概念有所发展,用它来解释各国确有合作的事实,尽管这种合作仍呈现出一种混乱的状态。在这里,体制概念阐述的是各国在涉及诸如核扩散等特定问题时达成的广泛的社会制度、公约和协议,以及一系列相关的条约(Speth & Haas, 2006)。体制就是让国家得以合作的"或明或暗的原则、规范、规则和决策程序"(Krasner, 1983:2)。各国如果纯粹追求自身利益,世界就会陷入无政府状态,新现实主义者正是试图解释超越无政府主义的国际状态。这种模型触及了治理问题,因为体制的概念把现实主义理论扩展到了国家以外的行动者,把各种机构视为国家之间合作的联结点。

自由主义学者对这一模式做了更深层次的拓展,认为非政府组织等非国家行动者实际上是国际关系中最重要的参与者。正如麦考密克(McCormick, 2005)所指出的,与现实主义者相比,这个学派本质上是理想主义者,因为它认为国际关系是由观念或共同利益,而非各国私益所支配的。对于自由主义学者而言,"全球化"有不同于"国际"或"政府间"两个词的含义,它超越国家,涵盖了全球机构和公民社会(Falk, 1995;Rosenau, 1995)。自由主义国际关系理论将治理原则应用于全球舞台,认识到除了国家以外的其他行动者越来越多地参与规则的制定和实施("多行动者治理"),并且出现了公私合作、私人合作等新的组织形式。与现实主义理论的台球论形成鲜明对比,蜘蛛网的比喻经常被用来强调自由主义模式下国家间的相互依存关系。

国际关系的各种理论对全球环境治理的发展方式都只是做出部分阐释。全球环境治理究竟是一种超越国家的治理,或者只不过是政府间的一个谈判体系,我们在本章结语部分再来判定。

案例研究 4.1

奥尔胡斯公约

1998 年商定、2001 年生效的《奥尔胡斯公约》(*The Aarhus Convention*),不仅是关于公众参与环境决策的唯一的专门公约,而且是由联合国欧洲经济委员会,而不是西欧的环境机构或环境署进行协商谈判的。该委员会主要负责东欧和中亚的欧盟非成员国工作。

20世纪90年代东欧的特定政治条件可以解释这些奇怪的现象。随着20世纪80年代初"公开化"运动的兴起,冷战逐渐缓和,东欧国家对一些有限的政治活动变得宽容。苏联的中央计划模式给这些国家造成了巨大的环境污染,由于这是一个相对"安全"的议题,于是它成为首批非政府组织动员公众抗议的对象。许多在20世纪80年代柏林墙倒塌后掌舵的民主领袖,以环境抗议者的身份小试牛刀。正是因为这种特殊的背景,这些地区在环境决策过程中容易接受维护民众参与权的条约。联合国欧洲经济委员会抓住机会,把这个普通的政治动荡转化为一个国际协议。

多边环境协定可采用不具法律约束力的声明或条约。条约包括如1992年在里约地球峰会上签署的框架公约,它们只是一些宽泛的条文,需要制定后续议定书或具体法律才能真正生效。另外一些条约本身就有约束力,如1975年生效的《濒危物种国际贸易公约》。如图4.1所示,自20世纪50年代以来,随着环境问题日渐成为国际科学关注的焦点以及环保主义发展迅速,多边环境协议的数量激增。1990年至1999年这段时间内,这种协议超过了300个,大约是之前或之后十年的协议数量的两倍。这反映了1992年

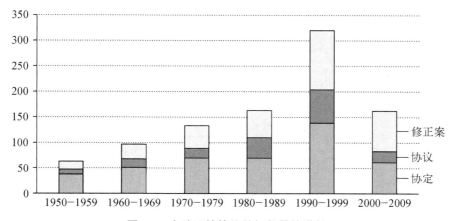

图4.1 多边环境协议签订数量的增长

资料来源:改编自 Mitchell,2010。

的里约地球峰会颇见成效,随后出现了各种协议并有大量推动落实的活动。

正如所预期的那样,由于之前的框架公约落实为具有法律效力的框架协定,或者因为科学知识或可用技术发生变化对原始协定做出修改,由议定书和修正案组成的多边环境协定的比例不断增加。虽然 1980—1989 年和 2000—2009 年多边环境协定的总体签订数量相似(约 150 个),但是后一阶段的协定大约半数做过修订。

图 4.2 列出了多边环境协议的焦点如何随着时间而改变。涉及物种和鱼类的协定,占比从 1960 年之前的 60% 下降到现在的 30%。与此同时,环境协议的重点从自然保护转变为污染控制(包括温室气体排放),后者在 1980 年以后的多边环境协议中占大部分。这也反映了系统论在环境科学中的主导地位,它强调栖息地对维持生物多样性的重要意义,而不是关注单个的物种。

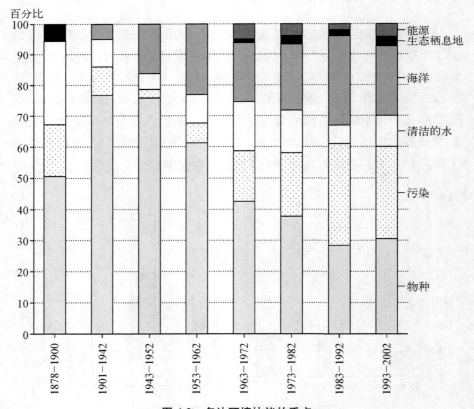

图 4.2 多边环境协议的重点

资料来源:改编自 Mitchell,2010。

表4.1列出的是为了应对各种环境威胁及其影响达成的部分重要协定。尽管大部分环境问题都已经有某种形式的协议加以覆盖,但是这些协议的成效不一,有些已经有效解决了问题(如臭氧消耗),有些则几乎没有什么影响(如森林滥伐)。

表4.1 主要条约制度

威 胁	条 约	影 响
酸雨和区域空气污染	《远距离跨界空气污染公约》(美国与加拿大签署的双边协议)	二氧化硫、二氧化氮的排放现已得到控制,但是酸化湖恢复缓慢
臭氧消耗	《关于消耗臭氧层物质的蒙特利尔议定书》(1987年)	逐步淘汰使用氟氯烃,臭氧层空洞已消失
气候变化	《联合国气候变化框架公约》(1992年签订),《京都议定书》(1997年签订),《哥本哈根协议》(2009年)	大气中的二氧化碳含量持续上升
森林砍伐	《里约非约束性森林原则》(1992年)	直接影响不大,但是推动了维护森林可持续的自愿行动
土地退化	《非约束性防治荒漠化公约》	由于缺乏资金而受到阻碍
淡水污染和淡水紧缺	《国际水道非航行使用法公约》(没有生效)	无
海洋渔业	《关于海洋、鲸鱼及其他生物公约》	有效但没有控制过度捕捞
有毒污染物	关于有毒废物国际贸易的《巴塞尔公约》(1992年生效),逐步淘汰持久性有机污染物的《斯德哥尔摩公约》,关于农药和工业化学品的国际贸易的《鹿特丹公约》(2004年生效)	在签署国之间有效
生物多样性丧失	《生物多样性公约》(1992年在里约地球峰会上签署)	无证据表明该公约对物种丧失及栖息地衰退产生影响
含氮化肥造成的土地富营养化	无	无

资料来源:改编自 Speth & Haas, 2006。

协议签订仅仅是第一步,只有各签署方在国内正式批准该协议,也就是

67

将协议转化成国内法律,它们才会生效。例如,《京都议定书》规定了发达国家(也被称为附件一国家)的国际减排目标,以减少《联合国气候变化框架公约》约定的温室气体排放量。为了获得正式批准,《京都议定书》要求 55 个附件一国家(它们合计至少占附件一温室气体排放量的 55%)在本国取得立法机构(国会、议会等)的同意,从而让议定书得到实施。签署国正式批准后,该条约在国际法中便具有约束力(尽管在没有国际执法机构的情况下,签约国可以随时脱离条约;从法律角度来说,各国受到的唯一约束是它们自己的同意)。

多边环境协定的商谈,往往会涉及第一章所讨论的集体行动问题。政策的力度往往会降低到最不热心的国家所能接受的水平,同时也存在搭便车的现象。例如,在减少大气污染时,其他国家都采取行动,而自己不采取行动也照样受益。参与国际会议的国家数量众多,使得达成具有法律约束力的协议变得异常困难。案例研究 4.2 讨论的是如何通过一个多边环境协定来规避这些问题,它就是《关于消耗臭氧层物质的蒙特利尔议定书》(*Montreal Protocol on Substances that Deplete the Ozone Layer*)(以下简称《蒙特利尔议定书》)。该议定书通常被视为国际合作的典范,并且在发挥科学的作用,以确保环境协定成为具有法律约束力的协定方面也有借鉴意义。

案例研究 4.2

《蒙特利尔议定书》

《蒙特利尔议定书》规定的是诸如氟氯烃等破坏臭氧层的物质的使用,它常被列为多边环境协定的典范,因为它不仅在较短时间内让人们逐渐摒弃了氟氯烃的使用,而且成功地让世界上几乎每个国家都参与进来。随着氟氯烃替代品的使用以及对臭氧消耗的研究的发展,《蒙特利尔议定书》曾多次得到重新协定。与《京都议定书》(*Kyoto Protocol*)不同的是,该议定书对退出或者破坏议定书内容的国家有严厉的贸易制裁措施,这有利于减少"搭便车"行为,因为任何不遵守协议的国家,其付出的代价将高于它们得到的利益。

鉴于在其他环境问题上达成国际协议非常困难,关于《蒙特利尔议定书》是否为特例已有许多讨论。问题(用于制冷的氟氯烃)及其解决方案(氟氯烃替代品)都得到了商业部门的明确界定和支持。此外,臭氧空洞易于测量,而且后果将危及地球上每个人。相比之下,诸如气候变化等问题分布面广(大多数经济活动都会排放温室气体),商业部门也没有给出简单易行的解决方案,而且从全球各国所受影响来看,将会有明显的受益者和受害者之分。

有些评论者认为,臭氧层破坏和气候变化并无太大差异。他们指出,直到 1988 年在政界人士同意采取综合行动(《蒙特利尔议定书》于 1987 年缔结)之后,科学家们才确定氟氯烃是破坏臭氧层的元凶。哈斯(Haas,1992)认为,即使面对科学上的不确定性,付诸行动的政治意愿还是如此强烈,这是因为在联合国环境规划署和美国环境保护局这样的组织中,存在强大的国际科学家组织,他们是说服美国政府(最大的氟氯烃消费国)以及杜邦公司(全球最大的氟氯烃生产商)支持逐步淘汰氟氯烃的关键所在。这个专家网络形成了一个"认知共同体",他们对氟氯烃这个问题及其解决方案达成了共识(Bulkeley,2005)。他们先说服主要行动者,然后通过确定有哪些可选方案,影响其他国家和公司的决策过程,推动他们跟进。

《蒙特利尔议定书》发挥效用的原因之一,是美国工业在开发氟氯烃替代品方面领先竞争对手。20 世纪 70 年代初,人们对臭氧层的关注使得多国(包括美国在内)禁用氟氯烃作为气雾推进剂(但是尚未禁止用作制冷剂)。许多欧洲国家迫于企业压力没有采取任何行动。美国公司不满欧洲公司的竞争优势,但是由于它们已经研发出氟氯烃的替代品,因此到了商谈《蒙特利尔议定书》的时候,美国公司便处于更有利的地位。也有批评家提出,杜邦公司实际上早在 1981 年便停止了氟氯烃替代品的研究,但是彻底淘汰氟氯烃招致的每年 6 亿美元的损失,仅占该公司总收入的 2%,这让他们得以拥有依靠创新解决问题的长远意识。

这种解释很有趣,其原因是多方面的。美国政府和大型企业通常被认为会妨碍全球环境治理,但是在这件事上它们是关键行动者。专家网络在对主要参与者施加影响,建立愿意做出改变的体制方面,也起到了重要的幕后推动作用(Litfin,1994;Young,2008)。最近,气候科学家们试图建立一个 2℃ 的门槛,让决策者认为这是不可越过的。这就像是建立一个强大的认知共同体,推动针对气候变化的行动。这个认知共同体能否形成,还有待观察。

联合国会议

自 1945 年成立以来,联合国便在围绕环境问题推动建立国际合作机制。诸如 1949 年召开的自然资源保护和利用科学会议(Scientific Conference on Conservation and Utilization of Natural Resources)等会议,广泛讨论了今天人们意识到的环境问题,但是在 1972 年召开的斯德哥尔摩人类环境会议(Conference on the Human Environment)上,这些问题开始从科学领域转向政治领域。英国经济学家芭芭拉·沃德(Barbara Ward)和法裔美国微生物学家雷内·杜博斯(Rene Dubos)受托撰写一份报告,作为斯德哥尔摩会议的纲要。他们提出的文件《只有一个地球》(*Only One Earth*),旗帜鲜明地使用"同一个世界"的话语(one-world discourse),提倡"忠于地球"。

这份报告再次证明,列举众多著名经济学家和科学家的观点,对于提高政界的环境意识是行之有效的,它还为可持续发展理念的诞生奠定了基础。人们普遍认为沃德创造了"地球飞船"(spaceship Earth)这个概念,杜博斯(Dubos)则提出了"思考全球化,行动本土化"(think global,act local)这一主张。

斯德哥尔摩会议首次将环境问题与贫穷国家的发展需求明确联系起来。印度总理英迪拉·甘地(Indira Gandhi)在会议上发言,明确表示她支持这样一个联盟,并问道:"贫穷和缺乏难道不是最大的污染源头吗?"帮助人们摆脱贫困,他们才会有能力更好地保护环境,这种说法对联合国而言很有吸引力。联合国的许多成员国都是发展中国家,它们更关心发展而非环境问题。斯德哥尔摩会议提出了解决这种关切的额外性原则(principle of additionality),即发达世界必须帮助欠发达国家支付部分环境保护的费用。

但是许多发展中国家对发展与环境之间可以实现平衡并不认同。富裕孕育了环境关切的观念深入人心:发达国家的人们反对工业化和城市化造成的破坏,并且有能力和有意愿为阻止这些影响而付出代价,于是产生了环境保护主义。研究表明,发展中国家的人们同样关心环境问题(Dunlap & York,2008),但是他们的政治家对西方环保主义保持警惕,认为它是经济发展的威胁。虽然平静的水面下暗流涌动,斯德哥尔摩会议仍然被认为是首次成功设定国际环境议程的会议。

1987 年,由挪威首相高罗·哈莱娅·布特兰(Gro Harlem Brundtland)出任主席的世界环境与发展委员会(WCED)发布报告《我们共同的未来》(*Our Common Future*),向全世界介绍可持续发展的理念(WCED,1987)。该报告将可持续发展定义为:"既满足当前的需要,又不损害子孙后代满足自身需要的能力的发展。"(WCED,1987:43)可持续性发展的基本假设是:经济增长、社会福祉和环境保护能以相互促进的方式协调运作。它旨在通过展示经济增长如何与环境负面影响脱钩或分离,努力解决环境与发展不可兼得的难题。

正如第二章所讨论的,可持续发展出现在与治理相类似的政治时刻。20 世纪 80 年代后期,在经济全球化高速发展的背景下,经济增长与环境保护联动发展的构想,促成了一条用共同目标联合发达国家和发展中国家领导人的路径。此外,可持续发展在经济、社会和环境政策间建立联系的时候,围绕着整合与协调提出了一系列同样适用于治理的挑战(Kemp et al.,2005)。

1992 年在里约热内卢召开的联合国环境与发展会议,旨在对斯德哥尔摩会议召开 20 年后的形势做出评估。这个被冠以"地球峰会"美名的会议规模浩大,有 153 个国家、2 500 个非政府组织、8 000 名认证记者,以及约 30 000 名随行人员参加。为了将可持续发展纳入国家政策的主流,里约地球峰会签署了一系列协议,包括《气候变化框架公约》《生物多样性公约》《21 世纪议程》《里约宣言》《森林原则》及《防治荒漠化公约》。辅助性原则(principle of subsidiarity)即"政治体系内的决策应在适合采取有效行动的最低层级做出"(Jordan & Jeppesen,2000:66),也被纳入《21 世纪议程》。

里约热内卢会议让可持续发展这一概念家喻户晓,但由于缺乏财政和法律承诺(尤其是在森林保护方面),一些人认为其成就并不令人印象深刻。发达国家和发展中国家之间的紧张关系持续升温,发展中国家不愿签署具有法律约束力的森林公约,他们担心那会把森林的控制权拱手让给富裕国家。英国绿党创始人之一乔纳森·波里特(Jonathon Porritt)失望地说:"我带着低期望来到这里,然后一一应验了。"(Diamond,1992)。扎伊尔(现在的刚果民主共和国)代表直言不讳地说:"地球峰会这种把戏继续玩下去,非洲人将会灭亡。我们需要法治,我们需要民主、和平与正义,我们需要公平的贸易条件,这样我们才可以建立起适当的市场经济,然后可以保护我们的环境。"(Jordan & Voisey,1998:94)班纳吉(Banerjee,2008:65)指出,"口号,无论有多漂亮,都不会形成理论"。地球峰会建立在两个假设之上,即环境是一个全球性的问题,而且存在一个有能力去管理这个问题的全球性的社会。但是发达国家和发展中国家之间的摩擦却表明事实并非如此。关键争论 4.1 对与"同一个世界"的话语相关的一些关键的紧张局面进行了讨论。

关键争论 4.1

同一个世界,同一个地球?

认为环境不仅可治理,而且在全球层面能得到最好的治理,这已被当成理所当然的观点。正如亚沙诺夫所说(Jasanoff, 2004:32),"'只有一个地球'这句话似乎已不仅仅是一句口号,而是已被活动家、决策者、媒体和公众接受并当成现实",这对解决环境问题的方式产生了巨大的影响。但是,全球环境的观念基于这样一个假设,即存在一个关注环境的全球性群体"我们"。鉴于这个世界是由各种不同的民族和文化组成的,因此很难确定这个全球性"我们"究竟是谁。在最初的《我们共同的未来》报告中,全球性"我们"的立论基础只是人类占据同一个星球这个事实。空间邻近不会自动产生统一,中东就是一个明例。

"同一个世界"的话语还意味着人们对环境问题的反应没有差别,也就是大家都认为针对一个共同的问题,可以找到一个共同的解决方案。这会产生两个弊端:其一,它把人们变成消极的看客,等着有人找到解决办法,而不是亲力亲为;其二,同一个世界的愿景没有地域概念,忽略了地区差异,很少在意不认同者的想法。这会造成一些不良影响,从发展中国家因为感到被迫采取行动去解决发达国家所造成的环境问题而心生不满,到原住民雨林部落被排除在事关其未来的国际讨论之外,不一而足(Fogel, 2004)。而且,各种全球性机构主要由发达国家主导,而发达国家往往将发展中国家在国际环境谈判中边缘化,这也加剧了两者的矛盾。具有讽刺意味的是,许多环境问题如森林砍伐和生物多样性破坏,确实影响那些被排斥或被边缘化的国家(Agrawal et al., 1999)。

同一个世界的理想代替现存的正式政体,成为全球环境治理的必要条件。按照《我们共同的未来》对人类的无差异理解,人在环境政策中成为可更换的要素,谁不符合全球公民的模板,谁就会被排除在核心群体之外。正如福斯等人(Fues, 2005:243)指出的,为了避免以共同利益的名义忽视不同国家的利益,"相互冲突的利益必须准确地说出来,而不是用某个理想化的共同利益掩盖起来"。

1997 年,联合国在纽约召开可持续发展大会特别会议,回顾里约地球峰会五年后的进展情况。会议强调了可持续发展的巨大代价,以及已经签署但未能付诸实施的相关协议和条约。会议总结认为,里约热内卢会议的成果要付诸实施,还需要国际社会付出巨大的努力。正是在这样的背景下,2002 年联合国在约翰内斯堡组织召开了第二次地球峰会,重点讨论能够落实里约热内卢的倡议和愿景的具体行动。会议的规模比里约热内卢会议更大,约有 10 000 名代表、8 000 名重要团体代表和 4 000 名媒体人员参加(United Nations,2002)。与上次地球峰会的不同之处在于,约翰内斯堡会议更多地关注社会的作用,把议程从探讨环境变化科学转向如何实施可持续发展。

不幸的是,此次会议触及了一系列更广泛和更棘手的政治和经济现实(Speth & Haas,2006)。问题是显而易见的,发达国家提供给发展中国家的 1 250 亿美元援助,只有 10% 是针对最贫穷国家的基本需求的,而发达国家坚持资助那些污染全球环境的产业,从而阻止发展中国家的产业参与公平的市场竞争。农业往往被当作污染的罪魁祸首,美国每年为其补贴 150 亿美元,欧盟补贴 480 亿欧元。这些所谓的"不正当补贴"(perverse subsidies)延续了一个过度依赖机械和化肥,从而消耗大量化石燃料的生产系统,破坏生物多样性,并让贫穷国家的农民适合种植的作物无法在世界市场上获得合理价格(Myers & Golubiewski,2007)。尽管大肆宣传,但是各国并无真正的政治意愿达成排放目标,而发展中国家希望得到的更公平的贸易条件,却总是被提交到世界贸易组织(WTO),在那里因为发达国家与发展中国家存在分歧,这些条件迟迟得不到通过。

会议的主要成果在于签署了《约翰内斯堡可持续发展宣言》(*Johannesburg Declaration on Sustainable Development*),但这不过是重申了在斯德哥尔摩会议和里约会议上所做的承诺,并无多大进步。从此意义上讲,被戏称为"里约减去 10"的可持续发展世界首脑会议,并没有达成预期目标。更糟糕的是,它凸显了更深层的紧张关系,也就是富裕国家在某个时候将不得不做出经济牺牲,以包容的方式解决全球环境问题。

尽管联合国会议经常被指责为只发热不发光,但还是要承认这些会议达成的成果的重要性。相比其他全球性事项,环境问题因为这些会议在国际上得到了更多关注,而达到这个水平只用了 40 年多一点的时间(Fairbrass & Jordan,2005)。赛方和约旦(Seyfang & Jordan,2002)将里约和约翰内斯堡地球峰会称为"巨型环境会议",他们为这种会议总结了六个方面的积极作用：

制定全球议程：将某些具体事项设定为具有国际意义的事项；

促进共同思考：揭示环境问题与经济、政治和社会问题具有怎样的关联性；

核准共同原则：促进国家与人民之间达成共识；

提供全球领导力：确立一个能让各国联合起来的焦点；

建立机构能力：建立能够协调国际行动的组织；

全球治理合法化：扩大参与群体,如让普通民众和众多非政府组织参与约翰内斯堡会议。

赛方指出："巨型环境会议确实在当代环境治理中发挥了重要作用,尽管它并没有像一些人期望的那样成为万灵药。"(Seyfang, 2003：227)。鉴于全球环境治理面临的结构性制约因素,尽管还没有达到在理想世界中可以达到的水平,但是在这个领域取得的成就已经相当可观。由于各自的议程千差万别,近200个国家面临的紧张关系多种多样,仅仅通过说服就达成一致,不管是任何形式的协议,都堪称奇迹。迄今为止,环境治理行动虽然还不是非常有力,但也得到了越来越多人的理解。

转向气候变化

自1992年起,全球环境治理的重点开始转向一个具体问题——气候变化。干旱、洪水和极端天气等备受瞩目的全球性威胁,将气候变化推上了政治议程。气候变化虽然仍在可持续发展的大框架内讨论,但它引发了一系列广受关注的国际会议。如何实现可持续发展这个问题,已经开始向如何使经济增长与温室气体排放脱钩聚焦。

《联合国气候变化框架公约》(UNFCCC)是1992年里约地球峰会达成的多边环境协议之一。该条约旨在控制温室气体排放,以防止大气变暖和相关的不利后果。虽然该条约本身不具法律约束力,但是对后期人们达成协议限制温室气体排放以及建立执法机制起到了指导作用。这个协议的签约国达到192个(美国未签,让人侧目),并从1995年起举行年度缔约方大会(CoPs),以评估应对气候变化的进展情况。《京都议定书》由此而来,为发达国家减少温室气体排放规定了具有法律约束力的责任。《京都议定书》虽然早在1997年就已通过,其标准却迟至2005年才获得批准并得以生效。

《联合国气候变化框架公约》的缔约国分为附件一国家和附件二国家，前者包括 39 个工业化国家和欧盟国家，后者是前者的一个子集，即在 1992 年未被列为"非转型经济体"（即苏联国家）的经济合作与发展组织（OECD）成员国。附件二国家也有义务为发展中国家的减排支付成本。尽管所有成员国都承诺减少温室气体的排放，但附件一国家的主要目标是减少四种温室气体（二氧化碳、甲烷、一氧化二氮和六氟化硫）和两组气体（氢氟碳化合物和碳氟化合物），将排放量降至比 1990 年低 5.2％的水平（Grubb et al., 1999）。

1990 年基准排放水平的计算使用的是政府间气候变化专门委员会（IPCC）《第二次评估报告》的数据，各种温室气体的排放量均转换为二氧化碳当量。国际航空和航运的排放不包含在内，氟氯烃等《蒙特利尔议定书》已有规定的工业气体也不包含在内。鉴于大多数转型经济体在 20 世纪 90 年代都受到经济危机的冲击，它们的经济产出和排放量仍远低于 1990 年的水平，因此它们没有必要采取减排行动。

《京都议定书》设立了一些灵活的机制，使附件一国家能够达到减排目标。这些国家基于各自的需要分配到一定数量的排放额度，为了实现减排目标，它们可以出售或购买额度，如资助非附件一国家的减排项目（清洁发展机制），或者购买和出售其他附件一国家多余的额度。根据《京都议定书》，发展中国家不必降低排放量，因为这会阻碍它们的经济发展。发展中国家可以向发达国家出售排放额度，这些额度可以通过降低大气中碳含量（最常见的是植树造林）的项目产生，并获得低碳发展所需的资金和技术。

《京都议定书》于 2012 年期满，各签约国报告并减少温室气体排放的承诺也随之结束。正是因为这个时间安排，2009 年 12 月哥本哈根气候大会的谈判变得非常紧迫。虽然此次会议属第十五次缔约方年会，但它具有应对气候变化全球承诺的重要象征意义。不过，谈判并没有达成具有法律约束力的协定，只是在最后关头签署了一份协议，表明大家都认为有必要采取一些行动。这被环保游说团体称为灾难性的失败，其他人却赞扬哥本哈根气候大会是做出全球环保承诺的重要一步。尽管《京都议定书》具有法律约束力，实际上真正受约束的国家并不多。而哥本哈根会议之后，所有温室气体排放大国都开始致力于应对气候变化。

关于做出具有法律约束力的温室气体减排承诺，主要障碍不再是造成地球变暖的科学证据,而是谁应该减排以及减排多少的问题(Bohringer,2003;Najam et al.,2003;Rose,1998)。考虑到经济活动与碳排放之间存在直接关系,大多数国家都担心减排的财政成本。事实上,这正是美国总统乔治·布什没有批准《京都议定书》的原因。

把发达国家和发展中国家分开,是为了承认发展中国家无力承担减排成本。但是发达国家的批评者认为,不论公平与否,发展中国家和发达国家都需要减少排放以应对气候变化,否则发展中国家因为经济发展与人口增长导致的排放量,将大大超过发达国家的减排量。1997 年,美国参议院以95 票全票通过"伯德—哈格尔决议"(Byrd—Hagel Resolution),明确指出美国不会签署任何一份未把发展中国家纳入进来的减排协议(Helm,2000)。发展中国家的评论者则认为,这样的要求完全是在复辟西方殖民主义,目的在于继续抑制最穷国家的发展,以维护西方国家的统治地位(Agrawal,1995;Agrawal & Narain,1990)。

发展中国家认为,一直以来都是富裕的工业化国家造成大部分排放,这些国家理应承担解决问题的代价。以 1990 年的排放量作为基准是这两种立场之间的妥协,因为这是气候变化威胁被人们广泛接受的时间点,所以在此之后肆意排放才会被认为是不负责任的。在全球环境治理当中产生的关于气候变化的不同定义之间存在的细微差异,就体现了这些紧张关系(关键争论 4.2 对此进行了讨论)。

《京都议定书》排放基准体系的公平性也受到质疑,有人认为它是在惩罚已经努力减排的国家,奖励无减排国家(Goldemberg et al.,1996)。例如,假设两个国家在 1990 年的碳排放水平完全相同,其中一个国家此前已经花大力气减排,另一个国家则没有,但是它们的减排目标一样,对于能源效率已经比较高的那个国家而言,继续减排意味着很高的成本,此前鼓励过度消耗能源的那个国家则会发现减排要容易一些,成本也更低。也就是说,那些已经通过减少高污染活动大幅减少了碳排放的国家,如德国,仍然在进口以不可持续的方式生产出来的产品。例如,最近的研究表明,中国高达25%的碳排放源自用以满足西方消费需求的工业活动(Wang & Watson,2007)。如果按照消费而不是按照生产计算,德国和英国这类国家的碳排放量实际是在上升,而它们官方公布的数据却是在减少(Helm et al.,2007)。发达国家进口商品,实际上是把国民日常生活所产生的碳排放输出到了商品的制造国。

关键争论 4.2

气候变化的不同定义

发达国家和发展中国家之间在气候变化方面的紧张关系,甚至体现在两个处理气候变化问题的核心组织所使用的定义当中(Uggla,2008)。政府间气候变化专门委员会(IPCC)的定义是"自然变化或者人类活动导致气候发生的任何改变"(IPCC,2007:871),《联合国气候变化框架公约》(UNFCCC)的定义则是"导致地球大气成分发生改变的人类活动所直接或间接导致的,超出在可比较的时段内观测到的自然变化之外的气候改变"(第1.2条)。后者区分了自然发生的气候变化和人类引起的气候变化,以表明只有那些用以应对人类引起的气候变化的措施才应该获得财政支持(Verheyen,2002)。

对人为引起的气候变化和自然气候变化做出区分的期望,反映了列入《京都议定书》附件的国家不愿为常规发展项目提供财政支持。然而,这种表述具有争议,因为实际上很难明确区分自然气候变化和人类引起的气候变化。相反,做出区分的期望会让人设法去分清什么是人类引起的气候变化所带来的额外损害和额外成本,而不是不管是什么改变都去努力应对(Klein et al.,2003;Pielke,2005;Verheyen,2002)。

架构

全球环境治理的架构由旨在执行国际会议达成的协议而设立的机构所组成。堪称最重要的环境机构的联合国环境规划署(UNEP)就是为了执行1972年斯德哥尔摩人类发展大会明确的任务设立的,可持续发展委员会(Commission for Sustainable Development)的设立则是为了评估1992年里约地球峰会确立的事项上取得的进展。每个主要条约都会定期召开缔约方会议(可从会议名称当中的 CoP 字样辨别),由联合国环境规划署或各条约的秘书处召集。

这会产生一个相当分散的体制格局。因此,关于在国际贸易中的有毒废物的《巴塞尔公约》(*Basel Convention*,1992),关于持久性有机污染物的

《斯德哥尔摩公约》(*Stockholm Convention*，2004)，和关于在国际贸易中农药和工业化学品的《鹿特丹公约》(*Rotterdam Convention*，2004)均涉及有害物质，但由各自独立的秘书处管理。这实际上导致了一个特别缔约方会议的形成，也就是三个秘书联合起来运行，优化工作机制，减少了对成员国的要求。这种协同作用有望从下至上将治理机构统一起来。例如，有人提出，考虑到氟氯烃同样属于有害物质，《蒙特利尔议定书》的成员国也可以纳入这个联合缔约方会议。

全球至今都没有形成一个有权制定和执行环境政策的国际机构，这是一个有待解决的问题。虽然有联合国和世界贸易组织等全球机构，但不应夸大它们的作用，因为它们需要成员国缴纳会费，因此有义务保护成员国的利益。欧盟和联合国之间的对比具有启发性。欧盟委员会确立高要求的政策，各成员国按可达成的水平执行，而联合国秘书处需要对 190 多个成员国的不同要求做出回应，不能把自己的战略或政策意图强加给成员国。因此，虽然环境被定义为一个全球性问题，但"正是在这个层面上，政府机构效率最低，信任最为脆弱"(Levin et al.，1998：233)。全球环境机构在执行方面的相对弱势与人们普遍接受的"环境问题需要全球行动"的信条形成了鲜明对比。不出所料，这引发了人们对建立一个更强大的"世界环境组织"的呼吁，关键争论 4.3 对此加以讨论。

关键争论 4.3

我们需要一个世界环境组织吗?

关于世界环境组织这个问题已有大量文献，从中可以总结出三种大的模式(Biermann，2001；Lodefalk & Whalley，2002)：

合作。将联合国环境规划署升级为类似于世界卫生组织的专门机构。

正规化。建立一个具有行政决策权和执法权的机构。

集中化。精简并整合现有的机构、计划和举措。

有一项共同提案提议建立一个类似世界贸易组织的机构。世贸组织在整合贸易协定和开放市场方面取得了成功，因为它能够对成员国施加法律压力和解决争端(Biermann，2005)。但是，环境问题与贸易争端截然不同。市场是由人建构的,可以通过协商和重新谈判来制定规则,环境问题诸如臭氧层空洞等则不然(Najam, 2003)。此外,目前环境治理的优势之一在于它广泛包容了非政府组织和公民社会。这与世界贸易组织等国际组织形成了鲜明对比,这些组织被指包容性不够,许多人认为它们受狭隘的企业利益所支配。针对世界贸易组织的大规模公众抗议表明,公众并不完全支持其行动。权力依赖于合法性,这样的世界环境组织即使存在,也不可能在全球范围内切实执行不受欢迎的环境举措。

集中治理职能也有可能破坏现今全球环境治理的一些有效因素(Najam, 2003)。分散可以带来灵活,目前的环境机构多种多样,这让它们可以做出更有效的反应,并在不同领域之间建立联系。针对有人提出的组建全球气候银行的建议,也有类似的批评(German Advisory Council on Global Change, 2009)。根据这一论点,奥博希尔和格林(Oberthur & Gehring, 2004)认为,创建一个世界环境组织不过是自娱自乐,难有其他作为。有效地应对气候变化可不是重新安排一下"泰坦尼克号"上的行政座次那么简单,而是一个解决全球正义和不公平贸易条件的问题。尽管关于环境问题的全球体制的讨论无疑还会继续,但是目前几乎没有人支持任何一项提案。

执行

执行是全球环境治理中最重要但是最没有吸引力的一环。它需要的资金最多,但是实际拥有的资金通常是最少的,并且总是面临谁应该提供以及在什么条件下提供资金的争议。全球环境行动的资金来源包括国家,欧盟等国家集团,联合国,以及世界银行和美洲开发银行等国际金融机构。融资过去多以低息贷款的形式,但是非政府组织和私人资金也用得越来越多。

环境治理的大部分资金是通过全球环境基金(GEF)获得的,该基金于1991年成立,作为世界银行10亿美元的多边环境融资机制,旨在保护全球环境,促进可持续发展。全球环境基金基于额外性原则,覆盖将具有国家效益的项目转化为具有全球环境效益的项目所带来的成本。最初的三方合作伙伴分别是联合国开发计划署、联合国环境规划署以及世界银行。1994年,全球环境基金进行了重组,并从世界银行体系中分离出来,成为一个永久独立的机构,以提升其对于发展中国家的合法性——发展中国家历来怀疑世界银行有新自由主义倾向。同时,全球环境基金被委托成为《联合国生物多样性公约》和《联合国气候变化框架公约》的金融机制。

如今,全球环境基金是全球环保项目的第一大资助方,为165多个发展中国家和经济转型国家的超过2 400个项目拨出约88亿美元资金,这些项目还从其他渠道得到387亿美元的资助。数额虽然巨大,但是还远不能满足要求。官方提供的发展援助为每年约500亿美元,但仅是执行里约地球峰会上签署的那些协议,每年就需要2 000亿~5 000亿美元(Saunier & Meganck, 2009)。

为清洁发展和转变建立快速融资机制,是哥本哈根气候大会取得的主要成果之一。各国政府在2010年至2020年间共投入300亿美元,并同意到2020年建立规模为1 000亿美元的长期基金。鉴于全球环境基金近期筹集30亿美元遇到的困难,上述资金显得相对较多。国际货币基金组织正在考虑如何把这笔资金筹措到位。

执行不仅是全球环境治理中最昂贵的部分,也是最不具吸引力的部分。政治人物出席高规格会议的益处显而易见,而执行工作涉及旷日持久的行动,不仅需要大量的资源,并且获得的关注很少。此外,会议和由此产生的秘书处数量庞大,形成了一个复杂的机构体系,这导致执行工作分散在多个组织,削弱了成员国不同部门的合作能力。面对不同却又相互关联的环境问题成立各种机构,这导致机构间彼此不协调,进而导致执行缺失。这种情况招致人们指责,认为在全球层面上空谈多于行动,可持续发展更是首当其冲,被批评为"引发千场会议的口号"。

也许最让人担心的是,执行的缺失使得国际社会越来越怀疑这些条约的价值所在,他们希望能看到这些条约取得积极效果的实例。近年来,西方国家的政府行事越来越保守,东方国家的政府对大规模缔约谈判则日益倦怠和冷漠。案例研究4.3以联合国千年发展目标为例,对执行方面的一些问题做了探讨。

案例研究 4.3

千年发展目标

在2000年的联合国千年会议上,147个国家一致通过了"千年发展目标"(MDG),其中提出了到2015年减少贫困的八项目标。这些目标可能是协调全球可持续发展行动最为广泛的尝试,包括消除赤贫和饥饿、普及教育、促进性别平等、改善儿童和孕产妇健康、防治艾滋病毒或艾滋病、确保环境可持续能力以及加强全球合作。随后,联合国秘书长科菲·安南(Kofi Annan)设立了为期3年的千年发展项目,确定各国为实现这些目标可能采取的具体措施,并为每个目标设立工作小组,通过与各国合作寻找解决如降低儿童死亡率等问题的最佳方式。尽管千年发展目标交由联合国开发计划署推动,但是它的实现涉及联合国的众多机构,而且在协调这些机构协同运作方面发挥着重要作用。

显而易见,这些目标不可能在全球范围内实现,并且不同地区之间差异很大。于是,东亚地区需要实现的是与消除贫困有关的目标,而撒哈拉以南的非洲大部分地区绝不是要实现这些目标,环境可持续性目标则几乎没有地方会实现。从治理的角度来看,"千年发展目标"等行动起到了协调各国力量来解决发展和环境问题的作用,但是由于资金紧张以及某些国家的机构能力不足而裹足不前。例如,根据联合国千禧年项目的计划,在某些治理能力良好的国家,只要拿出国内生产总值的0.7%就足以实现目标,这相当于约2亿美元,但实际捐助只有约7000万美元。大多数国家空有承诺,实际上并未兑现(仅日本和英国兑现了发展资助承诺)。

遗憾的是,许多贫穷国家即使有资金可用,也没有合适的机构去执行这些计划。这也让衡量目标的实现进度变得艰难。例如,虽然有许多组织监测国民收入情况,但是只有一个非洲国家(毛里求斯)按照联合国标准记录了诸如出生和死亡等基本事件,有关费用的详细情况以及从出生到死亡之间的情况基本只能凭猜测去记录(Attaran,2005)。因此,由于缺乏监测,执行受到阻碍,进展难以衡量。

结语

经过联合国组织的一系列重要会议,当前的全球环境议程已经形成。这些会议达成了一系列国家间用以解决具体环境问题的协议。它的发展脉络大致是,在早期激发一部分人的兴趣并设定一系列议程,后续让更多人认识到执行协议和确立具法律约束力的承诺的必要性。

　　表 4.2 列出了全球环境治理的各个要素面临的主要挑战。纵观大局,这基本上还是一个反应型过程,国与国之间存在利益冲突,这意味着谈判时间冗长,鲜能通过具有法律约束力的协议。这种状况导致机构林立,彼此割裂,每个协议成立一个秘书处代表自己的签署国,而联合国也有不同机构一起分担落实互有重叠的政策的责任。这又妨碍针对特定环境问题协调形成一致行动并获得资助。毫无疑问,举行高规格的大型会议会激发人们对解决环境问题的浓厚兴趣,并让环境问题进入国际议程当中,但是由于这些会议并没有为取得进展打下坚实的基础,以至于几乎看不到改善的迹象。

表 4.2　全球环境治理面临的主要挑战

过　　　程	架　　　构	执　　　行
反应型过程	机构林立而分散	难以协调行动并获得资助
国家之间存在利益冲突	没有一个组织拥有全部会员同一个国家参加多个组织	缺乏统一行动
鲜有具备法律约束力的协议	缺乏权威性	不可强制行动
谈判冗长	机构冗杂	巨额谈判成本

　　纵览全局,帕克等人(Park et al., 2008)指出了全球环境治理体系的两大缺陷:

　　低估经济力量。现行的全球制度架构建立起来的时候,基本没有预见当前国际金融流动和经济增长的主导地位,以及它们已经导致全球行动的外部参数发生改变。第二次世界大战后,国际权力从联合国逐渐转移到世界银行、世界贸易组织等全球金融机构。例如,对进口以不可持续的方式制造的产品征税,实际上是一个属于世界贸易组织而非环境署管辖的法律问题。

　　以全球体系为代价关注跨国界问题。早期取得的成功,如预防酸雨仅涉及少数几个国家,限制氟氯烃保护臭氧层也只涉及少数几家企业,这从物理和政治层面上来说,都比处理如今面临的环境问题简单得多。

　　具有讽刺意味的是,目前全球环境治理体系所达成的协议,把国家行动摆在高优先级。例如,《布伦特兰原则》(*Brundtland Principles*)均以"国家应该……"开篇。而自由主义国际关系学者着重指出,构成全球治理的是非国家行动者。在他们看来,"国际"或"政府间"这些字眼把全球治理限制在了民族国家,可实际上它是由民间社会的非政府组织等多种机构推动的。然而,斯佩思和哈斯(Speth & Haas, 2006)等评论者认为,这应该归咎于弱势条约而非执行不力,同时我们有必要认真看待需要更强有力的全球管理这一观点。鉴于通过民间社会网络去执行最容易落地,因此一个高效的治理系统既要分散又要灵活。如果情况确实如此,那么放弃治理,转而支持一些由国家资助的集中型全球性机构也许为时过早。

在可以预见的将来,我们还是脱离不了现状,也就是利用网络和市场来解决帕克等人(Park et al., 2008)提出的种种复杂的经济与政治挑战。正是考虑到这一点,我们开始探索网络在环境治理中的作用。

思 考 问 题

● 国际合作在何处终结?全球治理从何处开始?

● 比尔·麦克吉本(Bill McKibben)认为:"环保人士在前所未有的最大挑战上没有取得可观的进展……因此我们最好另起炉灶。"你是否同意这种观点?

重点阅读材料

● Biermann, F. and Pattberg, P. (2008) "Global environmental governance: taking stock, moving forward," *Annual Review of Environment and Resources*, 33: 277–94.

● Fues, T., Messner, D. and Scholz, I. (2005) "Global environmental governance from a North–South perspective," in A. Rechkemmer (ed.) *UNEO: Towards an International Environment Organization*, Baden-Baden: Nomos, 241–63.

● Saunier, R. and Meganck, R. (2009) *Dictionary and Introduction to Global Environmental Governance*, London: Earthscan, chapter 1.

第五章　网络型治理模式

········· **学 习 目 标** ·········

学完本章之后你应该可以：

● 了解网络协调环境行动的力量；
● 评估跨国治理网络的特点和重要性；
● 理解志愿网络对于促进企业走可持续发展道路的作用；
● 明白网络型治理的优缺点。

概述

> 无风之时，就划桨。
>
> （拉丁谚语）

治理网络让公民社会和私有组织自愿联手去解决环境问题（Bäckstrand，2008）。在网络治理中，在某个决策当中有既得利益的相关群体形成自组织网络，通过协作实现共同目标及互利共赢（Rhodes，1996；Rhodes & Marsh，1992）。网络对于多边环境协定的执行至关重要，因为它们能够利用各方行动者现有的资源，绕开态度消极的国家政府，从而避免多边行动停滞不前。

本章首先介绍网络之所以具备强大力量的若干特点，并探讨如何对网络进行管理和分析。其次，本章通过深入分析可再生能源网络 REN21，阐述跨国网络在治理中的作用。最后，本章结合推动企业采取环境友好行动的自愿认证和审计计划，对企业社会责任做了讨论。这里使用的案例是森林管理委员会（Forest Stewardship Council）的可持续木材产品认证计划。最后，本章分析了网络型治理的优势和不足。

网络的力量

网络由多个独立的行动者通过自愿协议而非法律协议联系而成,它们是从政府管理向治理转变的象征(Jones et al.,1997)。在克里金和斯凯奇(Klijn & Skelcher,2007)提出之后,"网络治理"便成为更广泛的社会和政治组织方式(即治理模式),"治理网络"则是实施治理的实际机构。自愿性质使得网络能够实现自我管理,这使得它们比国家官僚机构或市场(需要遵守监管体系),能更好地响应新需求和抓住新机遇。网络可以通过招募新成员迅速壮大,可以集中资源办到成员组织无法独自完成的事情。利益相关者之所以聚集起来,是因为它们相信彼此优势互补,合作可以更好地实现共同目标。这种所谓的"能力放大"就是网络的优势所在(Provan & Kenis,2008)。

社会网络和资源管理文献都有阐述网络如何影响个人和团体的行为能力。个人之间的强联系建立在亲密度、熟悉程度、时间和互惠等因素之上(Granovetter,1973),而强联系的利益相关者会共享资源和建议,相互影响会更为明显(Crona & Bodin,2006;Newman & Dale,2005)。然而,强联系可能会造成同质化,因为网络中所有行动者了解的信息相似,工作方式也类同。

相反,弱联系容易产生新思想。弱联系存在于类似度低的个体之间,它们通过连接网络的不同部分,使利益相关者获得不同的信息和资源。弱联系能让网络更好地适应政治或融资环境等变化,但正如其名字所揭示的那样,弱联系很容易破裂,可能导致各方缺乏集体行动所需要的信任和理解(Newman & Dale,2005)。

通过引入不同的行动者并做特定的安排,网络可以改进决策过程或丰富可用的资源和备选方案;可以通过设立或改组网络,将新的行动者纳入现有网络或者让他们扮演顾问的角色(Kickert et al.,1999)。网络管理者所面临的挑战是如何以合适的方式将行动者联系起来,使他们能够在不需要大量时间和资源的情况下进行交流与协作。他们要以极低的交易成本发动和安排行动者的活动,就有必要发挥信息和通信技术(ICT)的作用。行动者之间联系方式的重要性构成了社会网络分析的基础(在治理分析5.1中进行讨论),这个工具可用于分析网络并推断其所具备的特征。

跨国治理网络

企业、政府和非政府组织之间存在跨越国界的关系,这并不是什么新思想（Keohane & Nye，1971），但是非政府网络的重要性普遍被忽视，除非它们已对国家权威构成直接挑战（Ruggie，2004）。跨国治理网络指的是"跨国界的定期互动，其中至少有一名行动者是非国家行动者，或是不代表国家政府或政府间组织行事"（Risse-Kappen，1995），它们是将公民社会和企业纳入全球治理的关键渠道。20 世纪 90 年代，越来越多的跨国网络独立于国家行事，在人们心中成为变革的重要推动者（Andonova et al.，2009）。

在环境领域，2002 年约翰内斯堡可持续发展问题世界首脑会议提出，公共、私人和民间组织之间的伙伴关系是实现可持续发展的关键手段。在推动市场机制的同时，1997 年的《京都议定书》促进了旨在支持碳治理的网络的兴起。这些会议确立了网络成为环境治理的"核心引导机制"（Pattberg & Stripple，2008：378）。

跨国治理网络的相关文献中有三大类网络：认知社群、跨国倡议联盟和全球公民社会网络（Betsill & Bulkeley，2004）。认知社群（epistemic communities）由专业人士和科学工作者组成的网络所构成，他们对某个主题持相似的科学和政治见解（Haas，1990），共同影响全球政治议程。这个网络通常以共享实情和交感学习等方式进行维系。虽然认知社群确立的基础是共同的科学知识（认识论是关于人类认识世界的方式的研究），它们也通常代表着对某个问题的共同政治理解。政府间气候变化专门委员会就是这样一个认知社群，成员对气候变化的科学共识被用于促进政策变革。正如第四章所描述的，20 世纪 80 年代解决氟氯烃和臭氧消耗问题的认知社群对《蒙特利尔议定书》的达成也起到至关重要的作用。

跨国倡议网络（transnational advocacy networks）由公众及私人行动者组成，他们围绕某个特定问题聚集在一起，旨在推动一套特定的行动或观点。这些网络主要由共同的价值观维系，但也共享信息和服务。以两极立场（即赞成和反对）为特征的问题，往往会成为跨国倡议网络的核心内容（Betsill & Bulkeley，2004）。与认知社群相同，这些网络的主要作用在于影响国家行动，无论是在国家层面还是在国际层面。

相比之下，全球公民社会网络（global civil society networks）代表了一种超越国家发展的纯粹治理模式，它们由非国家行动者组成，创造出新的政治空间。自由主义国际关系学派（上一章已有讨论）认为这些网络是全球治理内部的主导力量，而民族国家只会起促进或妨碍这些网络形成的作用（Lipschutz，1996）。

2002 年约翰内斯堡可持续发展世界首脑会议极力强调公共和私有组

织之间所谓的"第二类"（Type Ⅱ）伙伴关系，是实施可持续发展的最佳途径（Glasbergen et al.，2007）。尽管这一论断基本上还没有得到过验证，但是第二类合作伙伴关系被认为在实现可持续发展方面至关重要（Hamilton，2009），而且这类关系的建立与跨国网络的出现是同步的（Andonova & Levy，2003）。这些网络包括公共组织、私有组织或者二者的组合，表 5.1 列出的是围绕气候治理问题出现的公共、混合和私有跨国网络示例。纯粹的公共网络只涉及国家行动者，如 C40 网络，它将 40 个大城市聚集在一起，目的是让它们在全球舞台上对气候治理施加更大的影响力。约翰内斯堡可持续发展世界首脑会议推动的第二类伙伴关系就是混合网络，它们让公共和私有机构开展合作以实现环保目标。私有网络通常涉及某种形式的商业自律，往往由非政府组织协调并由政府资助。"21 世纪可再生能源政策网络"和"碳信息披露项目"，都将在本章作为案例研究的内容进行讨论。

虽然公共、混合和私有网络在实践中很难区分（大多数都有所侧重，但是鲜有纯粹公共或私有的），但是它们都把各种组织联结起来去完成原本无法或没有能力做的事情。因此，跨国治理网络"形成了一个日益密集的治理层，相当于一个传输带，将治理系统从全球到地方加以连接，并且跨越公共和私人领域"（Andanova et al.，2009）。案例研究 5.1 讨论的"21 世纪可再生能源政策网络"就属于跨国网络，它利用有限的资源取得了可观的成果。

表 5.1　气候治理跨国网络

公　　共	公私混合	私　　有
政府（如 C40 城市气候保护运动）	第二类伙伴关系（如 21 世纪可再生能源政策网络）	企业和非政府组织（如碳排放披露项目）

资料来源：改编自 Pattberg & Stripple，2008；Borzel & Thomas，2005。

治理分析 5.1

社会网络分析

　　与第三章提到的 ANT 相似，社会网络分析的基础是关系本体论。它不关注网络中行动者的地位，也不关注行动者之间的联系是什么性质,而是只关注联系是否存在,以及联系的相对强弱。分析的数据通常通过结构式访谈、问卷调查或对网络参与者的观察获取,进而从中发现某些类型的联系,如基于信息交换、权威或信任的关系。以量化的形式记录关系的数量和强度,易于用图表描述结果,然后以图形方式展现社会网络(学术界最常使用的软件包括 UCINet 和 Netminer)。

　　社会网络分析揭示了网络的连通性和中心化水平。图 5.1 列出的是连通性不同的四个简单网络,衡量指标包括可触达性(所有节点连接的程度)和密度(每个节点的连接数量)。图中上方两个网络具有高连通性,这意味着信息和创新性可以快速扩散,利益相关者能够更准确地调整自己的兴趣和工作方法。高度联通的缺点在于不当做法或病毒传播也很快,这让网络变得脆弱。高度互联带来一个内在悖论,即行动者需要嵌入其中才能有效地协同工作,但是仅靠嵌入不易带来创新(Uzzi,1997)。图中下方两个网络的连通性低,这使得它们可能形成密集的集群,以独特而复杂的方式对问题做出反应。集群有利于创新以及在政治或经济条件变化时保持恢复力,但是这让网络内部的信息获取和传播变得困难。

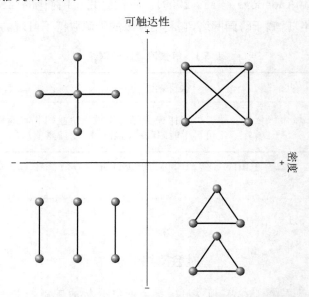

图 5.1　连通性高低不一的社会网络(连通性由可触达性与密度表示)

资料来源:Janssen et al.,2006。

相比之下,图5.2显示的是中心化程度不一的社会网络。高中心化网络更易协调集体行动,因为有一个中央行动者与所有其他行动者相联通。高中心化还能使网络更负责任,因为中央行动者可以对整个网络的行为负责。它的劣势在于,如果中央行动者离开或被削弱,这个网络容易变得脆弱。此外,高中心化网络更加僵化和等级化,显得不那么民主和公平(Janssen et al.,2006)。低中心化网络可以更加包容不同的群体,并对特定行动者退出的情况具有高度适应力,但是由于缺少总体协调,因此不利于承担责任,就连解决简单问题的效率也不高。

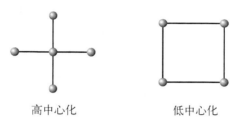

高中心化　　　　　　低中心化

图5.2　具有高中心化和低中心化的社会网络

资料来源:Janssen et al.,2006。

通过揭示网络的结构,社会网络分析可以确定哪些利益相关者更加重要,哪些不那么重要,以及利益相关者如何聚集在一起。行动者之间的联系也能可视化,包括是否相互作用(双向)以及强度如何(线条的粗细)。通过量化利益相关者互相信任的程度,社会网络分析可以确定它们之间存在的问题,用于指导管理干预措施,以在必要时促进信息流动,或者选择合适的利益相关者共同协作(Prell et al.,2009)。

案例研究5.1

21世纪可再生能源政策网络

21世纪可再生能源政策网络(REN21)属全球性组织,通过政策工作、

89

倡议以及信息交流方式支持可再生能源的使用。REN21 起源于 2004 年在德国波恩签署的《可再生能源问题国际会议政治宣言》,其目标是"与各国议会、地方和区域当局、学术界、私有部门、国际机构、国际工业协会、消费者、民间社会、妇女团体和全球相关伙伴关系等方面代表在'全球政策网络'内共同努力"(REN21,2010)。REN21 的官方起源与德国政府的直接资助使其获得了早期的合法性,并且发展迅速,将广泛的利益相关者纳入网络之中。

REN21 的雇员不足 10 人,运营整个网络的年预算只有 100 万美元。如此高效率的内部组织结构,其目的是放大网络行动者的工作能力。它的总体战略由指导委员会制定,该委员会由具有影响力和博闻广知的人士组成,他们活跃在国际可再生能源领域。他们的工作由常设主席团支持,该主席团由指导委员会和秘书处组成,负责做出临时决定。指导委员会吸纳众多影响力巨大的人士,对于网络的成功运行至关重要,这使其处在政策制定的最前沿,并显著扩大其影响政策制定的能力。REN21 采取的行动形式丰富,包括通过成员推动自己的议程进入《联合国气候变化框架公约》缔约方会议,主办备受瞩目的国际活动,并发表有影响力的文章(《可再生能源全球状况报告》尤其值得一提)。REN21 还在网站上开设了一个开放论坛,用于信息交流和讨论。

REN21 的特点在于成员间的联系较弱,对成员的正式控制很少,也没有必须遵守的正式规范(Bugler et al.,2010)。任何机构、组织、政府甚至任何人,只要能上网,就可以加入。参与者受指导委员会设定的议程指导,通过信息流通结成社群。这使得各种意见在可再生能源圈得以表达,大量信息得到流通。但是在审视其网络结构时,我们就会发现一些责任与合法性问题。表 5.2 列出了 REN21 的优势和不足之处,这与本章最后讨论的网络治理的宽泛特征有关。REN21 的优势在于网络拥有以相对较少的资源影响高层政策流程的能力,不足之处则在于这个过程的透明度。例如,REN21 的指导委员会成员基本不是选举产生的,也不承担什么责任,对各方行动者如何获得这些职位也没有明确的规则。

表 5.2　REN21 的优势和劣势

优　　　势	劣　　　势
指导委员会成员在其他组织就职,节省大量资金	基本由指导委员会制定策略,但指导委员会的成员产生过程不透明
有意在各种专业领域和地区发展代表,确保它是一个全球性的网络	通过网站提交的申请需要秘书处核准,而秘书处的 10 名成员不经选举产生
与其他网络建立联系,以在特定项目上开展合作	资金来自德国政府,网络的独立性遭到质疑
通过成员的关系让 REN21 的政策重点在重大会议上得到讨论	该网络不是法人组织——相关行动的最终责任由谁承担不明确

企业社会责任

私营企业在解决环境问题方面发挥着重要作用,这一点毋庸置疑,但是如何改变它们当前的行动尚不明确。环保主义者倾向于更严格的管制,而网络治理模式看重合作和自愿行动。虽然政府监管策略通常被视为行业发生变化的驱动力,即遵守法律是企业环境表现的最低要求,但是企业的自我监管日益成为潮流,越来越多的企业自愿加入环境治理网络,让这些网络帮助认证自己的行为或产品具有可持续性,或者减少对环境的影响。支持者认为,自我监管更为有效,因为企业比政府监管机构能更好地确定如何有效控制企业的行为。自我监管还会给企业带来许多潜在的益处:推迟或削弱新的立法;增强企业的合法性;成为最佳实践的焦点。不过,由于自我监管是出于自愿的,因此可能遭到滥用。

像环境友好型企业这样的理念早就有一些公司在践行,如近年被卡夫(Craft)收购的吉百利公司(Cadbury),其认为自己有责任促进社会发展。正如吉百利(2002)所言:

> 企业的持续存在建立在企业与社会之间的隐含协议之上……社会与企业契约的实质是,企业不应以牺牲社会长远目标为代价追求眼前

的利润目标。

企业自愿承诺承担企业社会责任(CSR),确保自身经营不会与社会和环境的整体利益背道而驰(Blowfield & Murray,2008)。

世界银行(2004)将企业社会责任描述为:

> 企业致力于可持续经济发展的承诺,与员工及其家庭、当地社区以及整个社会共同努力,以既有利于企业发展,也有利于国际发展的方式,提高生活质量。

企业社会责任建立在企业利益相关者模型的基础之上。按照这一模型,企业是股东、顾客、员工以及所属社区等要素的聚合体。企业社会责任可以协助企业进行自我管理,而非通过强加法律要求去减轻企业行为对社会和环境的影响。

为了满足一些讲究道德的投资者的需求,已有众多企业社会责任指数面世。例如,富时社会责任指数(FTSE4Good)和道·琼斯可持续发展指数(Dow Jones Sustainability Indices),从诸如人权、利益相关者关系及其环境影响等标准对公司进行评判。联合国发起了一项名为"全球契约"(Global Compact)的倡议,这是一个自愿性质的国际企业网络,旨在支持私营企业和其他社会利益相关方参与"推动负责任的企业公民行为以及普适的社会和环境准则,以应对全球化挑战"(United Nations,2004)。"全球契约"有10项原则,涉及人权、劳工标准、环境以及反腐败等因素。其中,环境原则指出,企业应遵循预防的方法,采取行动承担更大的环境责任,鼓励开发和推广环境友好的技术。

企业社会责任遭受诟病最多的方面是,企业为了改善自己的形象而采取行动,却不会停止有利可图但破坏环境的活动(Vogel,2006)。"漂绿"的确是一个问题,它指的是企业参与各种环保活动纯粹是为了树立良好的形象(Moneva & Archel,2006)。在发生 2010 年墨西哥湾漏油事故那样的灾难之前,绿色和平组织还在 2008 年将"绿画笔奖"(Emerald Paintbrush Award)颁给了英国石油公司,因为该公司做了品牌重塑,将公司名称"英国石油"(British Petroleum)诠释为"超越石油"(Beyond Petroleum)。尽管该公司的碳排放量减少了 10%,但是其 2 000 万美元的可持续发展投资却带来了 6.5 亿美元的资金节约,并且提升了天然气销量。此外,当碳交易机制变得无利可图时,该公司立即终止了这项计划,并继续将 93% 的投资用于石油和天然气勘探,对太阳能的投资却只占区区 1.3%。

更激进的学者认为,企业社会责任给了企业太多赞誉,并着重指出各种确保企业服务于公众利益的管制是如何在 19 世纪被逐渐取消的,这使得如今的企业拥有比民众更多的合法权利,却不用承担与公民有关的任何责任。20 世纪中叶,卡尔·波兰尼(Karl Polanyi, 1944)撰文指出,市场不应受到监管的观念促成了经济与社会分离,这种分离是错误的。市场在本质上缺乏社会意识,因此无法实行自我监管。

市场的倡导者也不喜欢企业社会责任,认为这是"对商业原则的危险扭曲"(Drucker, 2004)。企业行为的动机应该是在法律框架内对利润的纯粹追求,这样市场才能有效运行。毫无疑问,企业不是提供社会和环境效益的最佳组织。在更基础的层面上,企业社会责任受制于明确的政治和法律框架对社会进行调节的缺失:既然企业要对社会提供助益,却没有清晰的权利和责任概念,就很难描述什么是有效的企业社会责任政策以及如何进行监督(Ramus & Montiel, 2005)。

认证网络

认证网络也许是企业参与环境治理最重要的方式。一般而言,报告和认证是企业自我管理的中心机制。1992 年里约热内卢地球峰会之后,环保非政府组织和政府将其作为一种将经济、社会和环境问题汇集在一起的手段。生产流程经过认证,公司就相当于获得了一个高质量标志。德国的"蓝色天使"(der Blaue Engel)是最古老的生态标签计划。自 1978 年起,它被授予对生产和消费中的环保实践做出重大投入的公司。到 20 世纪 90 年代早期,"蓝色天使"已认证了 4 000 种产品,而生态认证指数(Ecolabel Index)与世界资源研究所(World Resources Institute)合作,目前正在跟踪 349 个生态认证计划,涉及 212 个国家和 37 个产业领域。这些计划的快速增长,反映了认证产品市场的存在,因为人们受到创新的沟通策略以及可持续生活方式的品牌塑造的影响,正在逐步改变消费行为。

一些最具影响力的跨国认证网络鼓励私营企业进行可持续经营(Gulbrandsen, 2010)。案例研究 5.2 讨论的森林管理委员会,就在使用自愿性认证提高林业可持续发展方面取得了巨大的成功。

案例研究 5.2

森林管理委员会

森林管理委员会(Forest Stewardship Council)关注的是让砍伐树木变成环境友好行为。森林管理委员会成立于 1993 年,已在 80 多个国家对大约 1.34 亿公顷的商品林进行了可持续认证,并且帮助确保从树木到客户的整个供应链得到可持续管理。你下一次去购买木制品,说不定就可以看到上面有一棵独特的带钩的树,那就是该组织的认证标志。令人惊讶的是,这一切都是在没有任何法律法规的情况下,用不到 20 年时间实现的。森林管理委员会是网络治理实现变革的一个很好的例子(企业自愿签署认证计划),并且显示了跨国化如何让当地活动接受更加严格的环境审查,而不是出现弱化。

森林管理委员会的构想是 1990 年提出来的,1993 年里约地球峰会之后正式成立。它是众多木材使用者、贸易商与环境及社会非政府组织的智慧结晶,他们志在建立一个木制品认证体系,证明这些产品的确是用取自可持续管理森林的木材制成的(Eden, 2009)。该组织最初想游说参与里约地球峰会的主要国家采纳这个认证计划,但在大会未能就砍伐森林问题达成有约束力的协议后,决定另辟蹊径推进计划,转而争取到世界野生动物基金会(World Wildlife Fund)和 DIY 巨头百安居(B&Q)的资助,于 1994 年在墨西哥的瓦哈卡成立办公室,起初只有 3 名员工。到 2003 年,森林管理委员会的员工增加到 25 名,办公室迁至德国,作为认证标志的那棵带勾的树更是出现在全世界的商店。如今,该组织的资金来源有很多,包括慈善机构、政府,宜家(IKEA)和家得宝(Home Depot)等对家居改善感兴趣的企业,会员订阅以及认证收费。

森林管理委员会是民间治理的一个有趣案例,它是非政府行为,属于市场驱动行为(Cashore, 2002)。换句话说,它将环境保护主义者和企业利益糅合在一起,在没有任何国家直接参与的情况下行使权力来管理和执行自己的政策以及环境标准。它的权力来自外部受众的认可,如国家、环保非政府组织,最重要的是,还有以市场选择的形式表明态度的消费者。卡修(Cashore, 2002)指出,这种网络的合法性是务实的,因为网络为其成员带来了实质性的益处;也是道德的,因为这是"正确的事情";同时是符合人们认知的,因为不这么做是完全"不可思议的"。尽管如此,研究还表明成员的动机主要受实用主义影响而非出自道德考虑,此外人们认可某个网络的合法性并不一定意味着这个网络有助于可持续发展(Bernstein & Cashore, 2004)。

审计网络

越来越多的决策者认为,要想让可持续发展成为现实,就必须加以衡量。一些组织付出了巨大的努力制定审计方法,它们对照具体的、可测量的可持续标准,对企业的运营进行审计(Bennett et al., 1999)。环境审计是一种主要用于企业和工业的决策工具,主要关注环境影响的来源,而非影响本身。它对组织、设施或工厂的环境信息进行系统的检查,以评估其是否符合指定的审核标准。此过程强调的是持续改进,而不是按照独立设定的标准或门槛对环境影响进行测量(Petts, 1999)。

环境和可持续性审计由欧盟生态管理与审计计划(Eco-Management and Audit Scheme)以及联合国全球报告计划(Global Reporting Initiative)所主导。前者是一项旨在提升企业环境绩效的自愿计划,它奖励那些超越最低法律标准的组织,要求接受审计的组织发出公开的环境声明,定期报告组织的环境绩效。它旨在表彰和奖励那些超越最低合法合规性的组织,并要求参与组织制定公开的环境声明,定期报告其环境绩效。后者是联合国推动的一个计划,它将世界各地的商业、会计、投资、环境、人权、研究和劳工等组织的代表聚集在一起,制定和推广全球适用的可持续发展报告指南。这些自愿性的指南,使各组织能够对其经济、环境和社会层面的活动、产品和服务进行报告。1997 年启动的全球报告计划在 2002 年成为一个独立的组织,同时也是联合国环境规划署的一个正式合作中心,与前联合国秘书长科菲·安南(Kofi Annan)倡导的"全球契约"进行合作。

报告的水平因国家和行业的差异而有所不同,因为它们承受的公众压力各不相同(例如,某些行业或国家的企业会受到更多环保组织的关注),面临的政策环境也各不相同(例如,某些行业或国家立法更严格,因此企业就不那么热衷于超越本来就已经要求很高的最低水平)。

这两个计划远非目前仅有的环境报告网络。随着气候变化日益受到重视，众多鼓励组织参与碳减排活动的网络正在兴起。碳披露项目(参见案例研究 5.3)就是一个规模较小，但是充满活力的计划，它是一个衡量和披露企业气候变化投入的非营利非政府组织网络。

认证和审计计划在推动企业可持续性发展方面的总体成效很难评估。私营企业千差万别，它们参与的活动、规模以及环境关切和行动的层面都不尽相同，虽然一些企业的确有所作为，但是自然也有一些企业是在"漂绿"自己。虽然森林管理委员会等认证计划的成功，让人们注意到私营企业是环境变化的罪魁祸首，但是联合国环境规划署(2004 年)的调查显示，还有 5 万多家跨国企业仍然没有就其运营对环境造成的影响做出报告，而大多数已经做出报告的企业尚未采取行动，或者没有把财务报告联系起来。尽管如此，认证和审计网络的显著增长是环境治理中最具活力的趋势之一，而且对信息披露的需求几乎呈指数级增长，以至于市场上充斥着依靠企业自愿提供信息的审计机构(Park et al.，2008)。

案例研究 5.3

碳排放披露项目

"碳排放披露项目"于 2000 年在伦敦启动；从 2004 年到 2010 年，参与企业从 235 家增加到 60 个国家的 3 000 家，增长了 10 倍多。该项目收集成员企业的温室气体排放、水资源管理和气候变化战略等信息，整理后提供给超过 534 家资产管理规模约为 71 万亿美元的金融投资机构，以帮助他们做出更加可持续的投资决策。"碳排放披露项目"也与政府密切合作，以提高公共采购的可持续性，并于近期开始收集城市的数据。

与许多环境网络一样，碳排放披露项目也通过合作来扩大影响。诸如埃森哲(Accenture)和微软(Microsoft)这类大型 IT 公司已建立在线数据库，金融信息巨头彭博(Bloomberg)已将碳排放披露项目数据纳入实时消息。其在别国的业务由不直接受雇于该项目的合作伙伴进行协调。其收入来源也多种多样：该组织官网数据显示，30％来自企业赞助，28.7％来自特殊项目，18.3％来自赠款和捐赠，15.1％来自国际合作，5.1％来自会员，2.8％来自其他。

　　　碳排放披露项目到目前为止是独立运作的,不受任何单一机构的
约束,但是它也不得不考虑主要供资方的优先需求和喜好。毫无疑问,
该网络必须与更广泛的气候治理目标相一致,但同样重要的是,它也必
须为其成员的活动提供积极的帮助,否则就会分崩离析。这就是网络
治理的主旨所在——既相互关联又相互妥协。此外,碳排放披露项目
收集的信息并非独立核实,而是由各会员组织自行核实,这让人们对其
准确性提出了疑问。但是,抛开这些实际缺陷,碳排放披露项目的快速
增长证明了信息披露可以有力地推动改变,以及企业部门对参与自愿
网络有高昂的兴致。

结语

　　表 5.3 总结了网络治理模式的优点和缺点,其中最明显的可能是自愿
网络没有传统民族国家的政治权威。正如卡修(Cashore,2002)所言,诸如
森林管理委员会这样以市场为导向的非国家性网络,不存在民主选举,也不
存在有人因违反规定而被处罚款或监禁的情况。虽然网络治理允许行动者
共享资源,使他们能够做到单凭一己之力无法完成的事情,但由于他们加入
的动机纯粹是基于自我利益,而且很少有正式的规定限制行动者离开,结果
网络治理变得相对松散。

　　非政府组织和企业在环境领域的影响力不断增强,由此引发了关于它
们在决策过程中的责任和代表性等一连串问题。准政府组织和非政府组织
在治理网络中拥有相当大的权力,但它们既不是由直接选举产生的,也不直
接向公众负责(Weber & Christopherson,2002)。此外,网络治理可能会削
弱民选政府,危及政治平等和个人自由,因为冲突发生在公众视野之外,而
不是发生在可公开辩论政治的公共场所(John & Cole,2000)。康沃尔
(Cornwall,2004)指出,网络通常不是任何人都可以加入的大众空间,而是
边界受严格限制的"受邀"空间。此外还存在一种风险,那就是网络非但不
能给出创新的解决办法,反而只是重现主导性的观点,因为它们需要努力让
捐助组织满意(Taylor,2007)。从治理的角度来看,这可以让政府使用网络
来执行预定议程(Klijn & Skelcher,2007)。尽管网络对于落实环境协议至

关重要,但是在某些领域存在饱和的危险,因为有众多机构试图开展非常类似的活动。布克莱和纽厄尔(Bulkeley & Newell,2010)认为,这可能会导致网络之间的混乱和冲突。

表5.3 网络治理的优缺点

优　　点	缺　　点
具备集体性与自反性	没有真正的政治权力
扩大代表性	提前做出抉择导致无效(成为公共关系演练)
扩大参与	非国家行动者无须承担责任,并受主要利益驱使
达成共识(解决冲突)	政策区分
机构的创新性重组	由于问题复杂,专家与行业知识占据主导地位
认识到现实世界的复杂性	分散推动改变的责任
机构的多样性	争夺业务领域

此外,网络治理对传统议会制度中的民主赤字做出了回应,在更多决策过程中为更多利益相关者提供了发声的权利(Sorensen & Torfing,2007)。原则上,任何人都可以建立一个机构或网络,气候变化相关网络的激增就足以证明这一点。无论是从纵向还是横向来看,网络都正在日益成为非国家的规则制定者和执行者,与传统的由国家商定的法律条约体系并肩运行(Tienhaara,2009)。

安塞尔和加什(Ansell & Gash,2008)研究了众多政策部门的137个协作治理案例,总结出影响网络治理成功的五个关键因素:冲突或合作的历史、利益相关者参与的动机、权力和资源的失衡、领导力以及制度设计。合作本身需要面对面交流、建立信任以及构建承诺和共同理解。笔者发现,网络如果着力在加深信任、稳固承诺和促进理解方面取得"小胜利",就能形成良性循环。显然,这样的条件不会在任何时候都存在或者有可能存在,但是网络的制度设计这个最终因素对于满足前四个因素至关重要。制度设计包括制定适当的规则,选择合适的利益相关者,以及对网络加以积极管理。

一些学者也对看似运行良好的网络进行了研究,看它们是否真的取得了其拥护者所宣称的成绩。例如,贝西尔和布克莱(Betsill & Bulkeley,2004)对"城市气候保护行动"项目的研究,对跨国网络主要促进知识和信息交流这一观点提出了质疑。他们发现,地方政府的动力更多地来源于提供给它们的财政资源,以及公开参与气候保护带来的政治合法性,而不是因为获得了更充分的信息。同样,我们相信网络具备强制企业自发采取行动的能力,这最终在一定程度上取决于消费者的偏好。20世纪90年代开发的四驱SUV,是汽车工业在自发应对气候变化方面的一次严重失败,然而这是由消费者需求驱动的。相似的是,生态认证计划取决于消费者对环境的关心程度,需要他们愿意为认证产品支付更高价钱。企业社会责任的自愿程度其实也往往比看起来的要低,只不过股东、客户以及投资基金都要求看到企业提供的环境可持续性的依据。

网络治理日益模糊了国家、非政府组织、私营公司和公众之间的界限。例如,各国政府必须越来越多地参与网络,以便找出并实施最及时有效的监管形式。相反,巴克斯特兰(Backstrand,2008)指出,"主权国家"转变为"后主权国家",也就是国家的影响力越来越小,这种情况与许多治理文献相互矛盾。跨国网络被认为是在"等级制的阴影"下运行,因为国家有权将制定规则的职能委托给合作伙伴和网络,所以它们仍然拥有权力。贝里和龙迪内利(Berry & Rondinelli,1998)对企业自愿实施污染控制技术的方式进行了研究,揭示了国家通过提高废物处理的法律义务和成本发挥影响力的事实。

下一章将探讨环境治理的市场模式。市场模式所依靠的并非是行动者自愿参与集体行动,而是试图基于经济损失和收益来激励行动者。

思 考 问 题

● 跨国环境治理网络与国家之间的关系是什么?
● 网络需要为解决环境问题担负责任吗?

重点阅读材料

● Banerjee, S. (2008) "CSR: the good, the bad and the ugly," *Critical Sociology*, 34: 51–79.
● Bulkeley, H. and Betsill, M. (2004) "Transnational networks and global environmental governance: the Cities for Climate Protection program," *International Studies Quarterly*, 48: 471–93.
● Klijn, E. and Skelcher, C. (2007) "Democracy and governance networks: compatible or not?" *Public Administration*, 85: 587–608.

第六章　市场治理模式

学完本章之后你应该可以：

● 了解市场机制的基本原则以及如何用市场解决环境问题；

● 对《京都议定书》涉及的市场机制做出评价；

● 理解给环境赋予经济价值的重要性；

● 熟悉市场模式对环境治理的优缺点。

概述

我们不可能用制造问题的思维去解决这些问题。

（阿尔伯特·爱因斯坦，1879—1955）

在过去的 250 年间，工业飞速发展带动全球经济的飞跃，工业活动也成为全球经济温室气体排放的罪魁祸首，从而引发气候变化。工业生产与温室气体排放的相关性几乎达到 100％，所以经济活动规模越大，温室气体的排放就越多，但是那些认为可以用可持续发展方式实现经济发展的人并不这么想。经济活动与气体排放之间的关系，在 2008 年以一种让人诧异的方式得到了证明：全球经济衰退所导致的减排，超过环保人士和政府合起来的努力。从这个角度思考，引发气候变化的市场经济能否阻止气候变化就不得而知了。

然而，这个分析同时也揭示出，市场是减少社会对环境影响的最重要的杠杆。如果市场设计得当，就可以让环境友好的企业经营活动和个人消费活动成为利润最丰厚的活动。与迫使行动者自行采取措施的其他治理模式不同,市场通过操纵利润激励机制来协调个体行为。一方面,国际社会希望达成一个具有约束力的全球减排协议,屡战却屡败。另一方面,所有主要排放国家却对碳排放交易市场饱含热情。二者形成了鲜明对比。但是,市场究竟能否从生态祸害转变为环境救星?

本章将介绍洁净的空气和水一类的环境商品是如何走进市场的。在过去,许多公共环境资源都是免费使用,从而导致经济学家所称的"负外部性"——没有包含在生产成本当中的意外经济影响。气候变化可以看成负外部性的极端情况,它会引发反常气候事件、海平面上升等不利状况,从而导致巨大的成本,但是这些成本又从未包含在化石燃料的生产成本当中。市场模式就是要尝试将负环境外部性纳入价格当中,它的逻辑是如果使用公共环境资源的成本可以计算,那么这些资源就会得到保护。本章紧接着探讨如何落实这个逻辑,包括对公共环境资源估值的方法;对碳排放市场所着笔墨尤其多,因为它们是应用市场原则的最具雄心的计划。本章还将探讨如何赋予环境金融价值,并以此为工具促进环境治理。本章最后讨论的是市场治理模式的优缺点。

市场的利用

市场通过把公共资源变成私有财产解决公地悲剧问题。私有化就是将公共资源划分为一个个资产包,然后分配或者卖给个人或团体。如果人们没有对公共资源进行有力的集体保护,那么私有化就会提供保护动力,因为人们会努力保护自己的财产(Stroup,2003)。简单地说,没有公共资源,就不会出现问题,也就不会出现经济学家所说的"负外部性",也就是事先没有想到的不利影响。我们可以设计市场机制,把污染大气的成本计入总生产成本,而过去污染大气是无须付出任何代价的。因此,可以让污染者购买相应的大气净化能力,用于吸收他们排放的温室气体,以此来应对气候变化问题。其中的逻辑就是,让工业为其活动承担全部成本,可以促使其采用污染较少的技术(例如,用风力发电场替代燃煤电站)。

一些评论家的观点比较消极,他们认为外部性在市场当中普遍存在。以农业为例,规模经济的存在能让规模更大的生产者获得竞争优势,于是各地的生产者逐渐走上大规模专业化生产的道路,能以更低的成本生产更多的产品。这个过程最后会带来一系列糟糕的后果,就像犹他州可以容纳150万头猪的养猪场,它产生的污物超过洛杉矶全城。处理污物耗资巨大,而且需要大量能源和水（猪是封闭式饲养的）。集中和专业化生产不仅制造经济问题，还有一系列更加广泛的社会问题：散发出来的恶臭影响附近居民的生活，养殖场动物福利问题，恶劣和危险的劳动环境，食品质量低下，等等（McKibben，2007）。

市场支持者并不否认此类问题的存在，但是认为传统的管理方式有其政治外部性，会有太多资源不被允许开发使用。在环境领域使用市场机制是一个试错过程，需要反复尝试才能取得平衡。就像一些支持者所说的，"错误在所难免"（Anderson & Leal，2001：22）。这也就是说，市场机制更利于发现某些外部性的存在。尼尔·艾杰尔（Neil Adger，2010）引述法伯（Farber，2007）的研究成果指出，市场机制适合于解决那些地理上受局限的影响，也就是局限在某个水体、某条海岸线、某个栖息地的外部性，而不太适合于扩散性影响（例如，对全球食品供给体系的影响），或者全球范围的灾难性气候变化。市场机制也不适合于处理社会外部性，比如对社区和地方的不良影响，以及非物质财产的损失，比如资源开采对优美环境的破坏。

市场理论认为私人行动者（个人或组织）是构成社会的基本单位，他们会依据自己掌握的最充分的信息理性行事，以使自己的利益最大化。更多极端市场论者，比如新自由主义经济学家，认为国家所扮演的角色就是开放市场，让个人可以追逐最大利益。18世纪苏格兰经济学家亚当·斯密（Adam Smith）曾经在《国富论》中将市场的自我引导特点比喻成"无形的手"：人们对个人利益的追逐，经"一只无形的手的引导"，会促进公共利益。在市场论者看来，政府的角色仅仅是确保法律对建立市场的阻力最小，并允许个人自由交易环境产品，以便实现市场"效率"的最大化。就像安德森和利尔（Anderson & Leal，1991：4）说的那样，"良好的资源管理不取决于意愿，而是要看社会制度怎样通过个人激励驾驭个人利益"，主要是创造市场，让那些带来可取环境影响的行为成为利润最丰厚的行为。好的市场设计通过刺激私人行动者采取某些特定行动，对集体行为形成引导。

个人是理性的经济行动者这一想法，与有效市场的假设密切相关，后者认为市场是最佳决策方式，因为它能以最高效的方式聚集知识。如果结果不确定（这在环境领域里很常见），那么关于这个情境就会存在多种不同的知识，这会让集中决策变成低效能决策。哪怕像下一季咖啡豆的采摘这么简单的事情，也会因为拉美国家的气候和政治变化无常，变得无法加以准确预测。这时，市场交换体系就可以让有着不同知识和关切的行动者无缝互动，根据供需情况确定价格，从而做出集体决策。因此，市场可以用价格的形式提供多维度的快速反馈。用治理的话语来表述，就是用市场交换的规则调节集体行动，而不是使用管理控制的手段（就像在命令与控制型政策的年代那样），也不是使用共同理解的方式（像自发网络那样）。

市场会将对环境给予相似评价的信息汇集在一起。这一点很重要，因为很多环境管理问题的解决，取决于我们真正重视的是什么。哈丁（Hardin，1996）曾就公共悲剧提出这样的疑问："我们希望每个人都得到很多好东西，但什么是好东西？"例如，森林自己无法决定它们的管理方式——木材生产、娱乐活动、野生动物栖息地和自然景观，这些都是合法的用途，必须相互平衡（Anderson & Leal，1991）。虽然我们可以借助生态科学与数学效率模型计算怎样才能实现利益最大化，但是究竟哪些方面的好处应该最大化则取决于人们的喜好。市场可以通过人们愿意为不同事物支付的价格揭示他们的偏好。

经济学家还说，市场可以把人们对未来某种事物稀缺性的关切转变为价格，从而驱动创新（Solow，1974）。某种资源变得越来越稀缺，它的价格就会相应上涨，迫使人们去寻找替代品，这就是资源的可替代性。一些人主张将来通过转型去适应，而不是现在去努力减轻气候变化，这对他们而言是一个最基本的假设。可替代论认为，市场和技术的创新能力强大，足以在资源消耗殆尽之前找到替代品，就像用可再生能源替代化石燃料，开发转基因作物以替代无法适应地球变暖的作物，使用单细胞蠕虫蛋白代替动物和鱼类蛋白质，以及在海水中撒播铁屑以替代过去用于吸收二氧化碳的森林。诺贝尔经济学奖得主索洛（Solow）对这种观点做了最本质的阐述："如果我们很容易找到可以替代自然资源的东西，那在原则上就不会'有问题'，于是没有自然资源，世界也仍然可以运转。"（1974：11；引自 Walker，2009）虽然技术上的障碍远没有被克服，但这里真正的问题是道德上的：我们想要生活在一个大自然已经消亡的地球上吗？

尽管有效市场假设的漏洞不难被发现（比如 2008 年金融危机），理性人假设也是如此（想想商业广告是如何影响人们心理的），但市场支持者倾向于把它们看成就算不是完美的模式，也是我们可以找到的最好的模式。20世纪苏联式中央计划经济的失败，包括其对环境的破坏，经常被用来作为例证说明供求之间缺乏有效反馈的社会模式容易失败（Perrings，1998）。经济学家认为市场假说是反映人类行为最理想的镜子，因此会取得最理想的社会结果。

圈地和商品化

市场论支持者认为制度唯一的作用是为环境产品建立市场,让它们与其他商品一样可以交易。对土地或水这样的公共资源实行私有化,必须把这些资源围成私有的小块。圈地行为有时非常真切。例如,19世纪70年代的美国西部,人们发明了廉价又耐用的铁丝网,用它们把大片的土地划分成一个个农场。圈地行为有时比较抽象。例如,地下水开采权市场是让私人有权抽取一定数量的水,而不是真的拥有某个特定区域内的水分子(Cowan,1998)。环境产品很难加以圈围,欧盟对捕捞配额的分配就是一个很好的例证。鱼不会遵守国界,而海洋主权体系非常复杂(Bear & Eden,2008)。有些社群完全以捕鱼为生,因此鱼的归属权问题曾经引发世界上许多国家捕鱼船队的对峙。

如何公平分配公共资源是治理的一大挑战。18世纪和19世纪英国的"圈地运动"将公共农地变成了特纳(Turner)和康斯特布尔(Constable)画笔下典型的英国景象。那通常是一个暴力过程:贵族把农民从土地上驱离,直接占有那些公共土地。如果公共资源是多方拥有的,那么要找到一种让各方接受的授权方式几乎是不可能的。正如第四章所讨论的那样,要想达成温室气体减排的全球协议,主要障碍在于发展中国家是否应该同发达国家一样承担减排的责任。用市场的术语讲,这就归结为如何分配大气权利的问题。

先前的使用情况(它考虑到了对某种资源的既有依赖)通常被用来确定各方的需要,因此欧盟的碳排放交易计划就是按各国原有排放量来分配碳信用额度,于是污染量最大(即"使用"大气最多)的公司获得大部分的资源。这虽然尊重了事物的连续性,对现有活动造成的干扰也最小,但是它有让不良活动和长期不公一直存在的风险。例如,那些已经采取措施减排的公司,实际上是受到了惩罚,因为它们得到的配额更少,而那些没有采取措施减排的企业反而获益。回到温室气体的问题上来,发展中国家声称美国应当承担最大的减排量,因为它已"使用"的大气已经超过它应得的额度。而美国反驳称先前的使用情况应当予以考虑,因此自己应该得到更高的人均配额。

圈围是使资源私有化,但是为了能在市场交易,圈围后的资源必须可以被替代,也就是可以彼此互换和等价交换。这在环境领域难以实现,因为生态进程通常与其所在地息息相关。以 20 世纪 90 年代的美国为例,当时美国尝试推行"湿地银行"制度,如果开发商想填平一块湿地,只要在别处购买面积相同的新开辟湿地就行(Robertson,2004)。湿地的生态功能十分特别,但是这就使得两块地理位置相去甚远的湿地很难发挥同样的功能。地理位置是很重要的因素:紧邻人口聚居地的湿地休闲功能更强,因为人们可以去游览;同时它容纳雨水和减轻洪涝的能力也更有价值,因为它可以保护更多的财物免受破坏。正如巴克(Bakker,2005)在提及水资源时所指出的,商品化不同于私有化:水太容易流动,不适用于交易。创造出用于交换的单位,并不意味着它们可以进行交易。尽管经济估值关心的是统计意义上的单位,但生态系统是嵌在特定地点的,从而使得创造可替代的单位变得复杂而昂贵。

尽管空气流动很快,对它进行圈围很难,但它还是在逐渐往商品化、私有化方面发展。索恩和兰多尔斯(Thornes & Randalls,2007:2,after Castree,2003)提出了他们所称的"大气新模式",也就是大气服务正在金融化,其特点是天气衍生品交易等工具的出现,让各种组织可以对冲恶劣天气造成的损失,还让交易者可以通过对冲衍生品从天气变化当中单独获利。所以,冰激凌卖家可以为夏季的低温上保险,因为低温会妨碍销售;建筑运营商可以为高温上保险,因为高温会导致空调费用增加;保险经纪人则可以对这两类投保人收费,冲抵他们的损益。天气风险管理协会(The Weather Risk Management Association,2010)估计,2005 年至 2006 年间天气衍生品的交易额为 450 亿美元,而 2002 年全球气候和气象研究总支出约为 100 亿美元。

支持者还认为,市场可以决定何时需要在资源利用中建立产权。如果消耗某种公共资源的经济成本超过建立和管理该资源市场的经济成本,那么市场就会随着资源价值稀缺而形成(Anderson & Leal,2001)。当然,反对者认为对大气这样的全球资源的破坏,一旦到了恶劣后果显现出来的时候,造成的破坏已经无法挽回。

用市场调节环境破坏行为,可比在街头摊位上买卖水果要复杂得多。我们来看看与《京都议定书》相关的市场手段,进一步探讨其中的复杂性。

市场评估:《京都议定书》及其影响

1997 年签署的《京都议定书》是为温室气体创造交易市场的首次尝试,

温室气体是工业社会产生的主要负外部性。排放贸易可以追溯到 20 世纪 60 年代。美国经济学家罗纳德·科斯(Ronald Coase, 1960)在分析如何管理过于拥挤的商业无线电频段时提出,可以对特定频段界定清晰的产权,以此减少频率干扰。他的逻辑是,如果有某种东西可以确保广播公司的信号不受干扰,虽然过去它是免费的,但广播公司还是会愿意为其付费。科斯认为这会创建一个"非常高效"的体系,谁能最高效地使用频段(也就是利润最高),最终谁就会支付最高的价格。

加拿大经济学家约翰·戴尔斯(John Dales, 1968)将科斯定理应用于污水管理,提出了"排污权交易"体系,即确定一个可以接受的排污总量,然后将可转让的排污权分配给市场参与者。他指出,容易减少污染的企业会有动力那样做,因为它们可以出售自己的污染权,卖给那些效率较低或者需要花费巨大代价才能减少污染的企业。这个排污权交易体系不是强制要求所有企业按照既定数量或者既定方式减少排污,而是让各个企业选择对自己最高效的方式,从而以较低的成本实现污染物总量的减少。

表 6.1 指出了排污权交易相比传统管理方式的若干优势,比如相对于最简单的全面征税来说。尽管征税仅需要法律通过,但其影响并不确定。例如,有证据表明提高汽油价格虽然短期内会减少出行量,但慢慢就会恢复正常。比约恩·隆堡(Bjorn Lomborg, 2007)的新书《解决气候变化的好办法》(*Smart Solutions to Climate Change*)着重讨论了在应对气候变化时如何花钱是最具成本效益的,这些办法包括政府对新技术、气候工程和树木种植的研究和开发的投资。他根据成本收效分析的结果,表示不支持征收排放税,认为它经济成本高昂,且达不到声称的减排目标。

表 6.1　税与排污权交易

	税	排 污 权
管理	简单	复杂
结果	不确定	确定
价格	确定	不确定
联系	难以协调	容易协调
灵活性	很小	内置

相比之下,排污权交易是从一个可以忍受的总量目标出发,然后把这个总量分配给全部用户。这呼应了治理乐意采用的方法:设定目标,但不规

定实现目标的方式。如表 6.1 所示,由于排放总量可以提高或者调低,因此排污权交易是具备灵活性的。例如,将于 2011 年生效的加利福尼亚州排污权交易,目标仅仅是减少《清洁空气法案》计划减排总量的约 4%。该法案由当时的州长阿诺德·施瓦辛格签署,目标是到 2020 年将排放量减少到 1990 年的水平。这样做的目的是一旦其他措施失败或者经济回暖,可以通过收紧这个交易实现更大幅度的减排。

排污权交易在政治上也是可以接受的,因为可以通过减少允许进入流通的排放量逐渐提高碳排放的价格。价格上涨会让理性的企业发展可替代能源来减少排污量。1990 年美国《清洁空气法案》(Environmental Protection Agency,1990)的通过成为排污权交易体系对污染加以控制的标志性事件。该法案旨在控制导致酸雨的工业二氧化硫排放,它建立了第一个大规模的(全国性)大气排放交易市场,并以相对较低的成本推动排放量大幅下降。

由京都起草的"欧盟排放交易计划"与排污权交易原则类似,即监管当局设定排放总量上限,然后为参与者分配交易许可量,限定它们的排放量(Buckley et al.,2005)。从 2005 年 1 月开始,欧盟碳排放交易计划成为落实京都原则最雄心勃勃的尝试。2008 年全球碳交易市场的总规模为 1 260 亿美元,其中 920 亿美元属于欧盟排放交易计划。该计划使用先前用量原则,将免费配额分发给那些完全依赖于排污的行动者(如燃煤发电厂)。如果某个组织的排放量超过了它的额度,就必须购买额外的配额;如果有余,则可以卖出配额。

迄今为止,该体系面临的最大问题是额度过剩,这意味着碳信用额度的价格太低。尽管我们可以说一开始的价格必须低,以便人们有时间去开发替代方案,但是定价应当显著改变市场参与者的行为,否则就起不到行为导向作用。当然,欧盟排放交易体系面临的主要挑战之一是,对排放量的强制监测与市场交易同时发生,这意味着额度是在没有掌握不同行动者实际排放量的确切信息的基础上做出分配的。我们可以将此计划与 20 世纪 90 年代美国减少二氧化硫排放的计划相比。酸雨是由单一污染物即二氧化硫引起的,而二氧化硫由能源行业的数量有限的污染点产生(如燃煤发电站)。相比之下,温室气体排放包括多种气体,它们来自各行各业,这使得它们很难在单一市场中得到管理。人们无法保证某个排污权交易计划可以直接用于治理温室气体的排放(Ellerman et al.,2000)。

如果斯特恩等人的观点值得相信,而且各种排放交易计划可以拯救世界，那么不同计划逐渐融合就非常重要。每个市场都需要有维护边界的措施，以阻止不符合类似规则的货物进入这个市场（这个问题被称为碳泄漏）。日本于 2005 年启动的"自愿减排交易计划"，对自愿减排的组织提供补贴，同时促进排放交易。该计划的参与者是"试验性整合排放交易体系"（2008年）的一部分，将来如果美国和加拿大组成的区域性"西部气候计划"启动，就有可能把这些计划都连接起来。

《京都议定书》也创建了两个"基线和额度"体系：联合执行（Joint Implementation）和清洁发展机制（CDM）。联合执行计划允许附件一国家利用在其他地方的减排项目投资，冲抵它们国家的排放；清洁发展机制则允许附件一国家向发展中国家的私有组织购买它们获得的额度。清洁发展机制的目的，在于通过让可持续发展项目的投资源源不断获得回报，从而将清洁技术和可再生能源系统引入发展中国家（Anderson & Richards，2001）。与排放总量控制体系不同，基线与额度体系允许组织排放污染物到某个基线水平。二者之间存在两个重大差别：其一，组织不是获得排放配额，而是在排放量低于自己的基线水平时获得排放信用；其二，基线与额度计划不是计算组织的总排放量，而是按项目计算净排放量（Buckley et al.，2005）。

各个国家要想加入清洁发展机制，就必须建立自己国家的信用审核机构。审验项目是否达到要求，其中最重要的要求是额外性、基线和可持续发展。联合国气候变化框架公约（2001：3）将基线定义为"如果没有提议中的项目活动，人类活动将会排放温室气体"。如果项目的排放量在基线水平以下，则该项目可以进入清洁发展机制。

《京都议定书》创造的市场机制遭到了许多批评。清洁发展机制覆盖了众多行动者，它们有公有的，也有私有的，有当地的，也有全国性的，还有全球性的。它们需要私人投资者为项目提供资金，需要开发者把项目推向市场，需要非政府组织成立网络把这些行动者连接起来，扩散信息和专门知识，并且需要联合国建立运营信用核验机构，并对清洁发展机制的注册人和记账人加以管理（Boyd et al.，2007）。建立一个项目既复杂又耗时，包括项目设计、核准、注册、监测、验收、认证以及发放信用（Cozijnsen et al.，2007）。这些环节的大部分精力花在创建可以互换的碳单元上面，以确保每个单元都代表着同样的碳吸收能力。在认证项目上花费如此多的精力，目的是确保巴西某电站拦河坝产生的排放证书与南非某造林项目产生的排放证书完全一致。互换性同样适用于任何一个全球性的碳交易市场：在广东排放并在香港交易的一个碳单位,必须可以替换为在新泽西排放并在纽约交易的一个碳单位。

建立清洁发展机制的初衷是为发展中国家提供减排整改资金,但是发达国家的商谈方式使得它最后变得更像一个完整的排放许可市场(Bumpus & Liverman,2008)。它由总部大多设在发达国家的国际组织管理,评审和批准项目的私人顾问是来自发达国家的精英,他们在整个过程中赚了大钱。CDM 项目大多来自有条件完成复杂的立项和评审手续的地区(世界银行估计,83%的 CDM 项目来自亚洲)。向墨西哥那样的地区推广森林碳项目面临重重阻碍,如政府和社会的组织力量不足,国际政策存在不确定性,与现有共同财产机构合作的复杂性等(Corbera & Brown,2007)。这凸显了市场方法的一个核心问题,即为了构建可互相替代的单位,它们必须脱离社会和生态环境的大背景。有人对通过迁移农民实现森林再造的 CDM 项目开展研究,发现它带来的更多的是适合在市场上销售的产品,而不是促进可持续发展(Parreno,2007)。

《京都议定书》创造的市场机制还被指未能改变排放者的行为。允许发达国家抵消排放的底层逻辑,本质上是允许它们继续污染大气。洛曼(Lohmann,2006)认为,市场的交易机制使得附件一国家延续过去的运行方式,从而阻止它们做出让社会摆脱化石燃料所需的重大改变。更糟糕的是,CDM 仅是让发达国家向发展中国家付费保护其资源,客观上阻碍了发展中国家的发展(Bachram,2004)。因此,CDM 被人打上碳殖民主义的标签,被认为不过是发达国家利用发展中国家的减排潜力来维持自己的生活水平(Harvey,F.,2007)。

最终,创建适合交易的可互换信用的复杂性,让人们怀疑市场是否有能力带来应对气候变化所需要的那么大规模的改变。尽管 2008 年 CDM 的市值达到 240 亿美元(Stokes et al.,2008),世界银行预估发展中国家在可再生能源领域的投资,到 2010 年将达到 1 650 亿美元,并以平均每年 3%的增速持续到 2030 年(Boyd et al.,2007)。创建环境商品交易市场不仅成本高昂,而且极其复杂,这让人们怀疑这些方法能不能以足够快的速度,筹集到足够多的资金去帮助发展中国家来减少排放和适应环境变化。尽管如此,人们还是希望有类似的计划成为《京都议定书》之后某个协定的关键组成部分,特别是在不断拓展之后覆盖那些已经避免的毁林行为以及创造新的碳汇。案例研究 6.1 讨论了这种可能性。

案例研究 6.1

《京都议定书》之后：REDD 计划

全球森林碳的 70% 位于目前高砍伐率的国家，这意味着森林覆盖率每年下降超过 0.22%。政府间气候变化专门委员会（IPCC，2007）的数据表明，在 20 世纪 90 年代，热带地区的森林砍伐导致每年排放的二氧化碳高达 16 亿吨，占全球排放总量的 20%。第一个森林碳减排计划，即通过减少森林砍伐与森林退化实现减排（REDD），是在 2005 年《联合国气候变化框架公约》（UNFCCC）蒙特利尔第 11 届成员国大会上提出来的，很快又在筹备哥本哈根会议时加入了 19 项政府提案和 14 项非政府提案。

森林碳减排框架提出向避免森林砍伐和退化的发展中国家提供资金补偿，因此被认为是《京都议定书》之后全球减排和资助可持续发展框架的关键组成部分。方案大多侧重于减少由森林砍伐和退化导致的排放（REDD），最近开始着眼于提高碳的存储量（REDD＋）。这些方案大部分关注的是地上生物质（树木和植被），但实际上地下生物质（根和落叶）、土壤碳或其组合在科学上均站得住脚，虽然这些在实践中更难量化。因此，可行的方法是从最简单的方面入手，培养发展中国家的碳核算能力，然后再把提高碳存储量等更加复杂的做法纳入进来。

大多数 REDD 方案都提议在早期使用自愿资金支持试点计划和培育能力，但是很少有方案否定只有市场才能提供把试点活动推向全球所需要的资金（Parker et al.，2008）。事实上，带头呼吁发挥市场作用的是那些非附件一国家，因为它们意识到目前发达国家的自愿投资存在短板，如政府开发援助（Official Development Assistance）不仅金额有限，而且经常带有条件。REDD 会像 CDM 一样创造出碳信用供附件一国家购买，如果为这些 REDD 碳信用建立互换性面临的问题太大，那么可以创建一个市场关联机制，随已有的各种排放信用产品并行交易，而不是在同一个市场进行交易。

跟 CDM 一样，对 REDD 的碳库进行圈围也不容易，需要科学机构加以定义，政治机构能够交易，还有机构对整个过程加以管理。在资金的分配方面,大多数方案简单地认为好处应该由砍伐树木数量较少的国家获得,但这有可能是对森林覆盖率高但目前砍伐率低的国家的惩罚。在最糟糕的情况下,这会刺激他们开始加大砍伐,以便在将来通过停止砍伐获得补偿。为了避免这种适得其反的结果,就算 REDD 成为一个可以直接交易的市场,也需要设立一个可供集中分配的基金。

环境估值

从金融角度对环境进行估值不仅凸显了过度开发环境资源的经济成本,同时也能发现投资回报最大的是哪些行为。在资本主义社会,货币是进行比较的衡量尺度,如果一件事可以被证明在财务上行得通,那么这件事立刻就能被证明是"正确的"。政治气候越来越多地被经济上的考虑所主导,部分是为了回应这种气候,人们发起了一系列影响广泛的行动,去证明环境商品的经济价值,而这些商品过去是完全免费使用的。这些行动的逻辑是,如果可以对这些东西估值,那么就可以通过在市场上购买和销售,来对它们进行保护。本章最后一节介绍的是环境如何估值的三个案例:斯特恩气候变化经济学评论;麦肯锡减缓气候变化成本曲线;生态系统服务估值法。

斯特恩气候变化经济学评论

2005 年,英国财政大臣戈登·布朗(Gordon Brown)要求尼古拉斯·斯特恩(Nicholas Stern)对气候变化从经济学的角度做出评论,为政府决策提供依据。斯特恩曾经担任世界银行的首席经济学家,他的上任反映了英国需要的是一名享有声望的严肃经济学家,以便他的结论可以在环境领域之外发挥作用。斯特恩的评论按照政府间气候变化专门委员会(IPCC)做出的气候变化预测,针对一系列经济增长情境构建了模型,并对采取不同程度的政治行动应对气候变化的成本和收益情况做了分析。

尽管对气候变化的预测存在相当大的不确定性,但是斯特恩的报告指出,如果不采取行动减少排放,那么从现在起气候变化所带来的损失与风险,将相当于每年损失全球 GDP 的 5%～20%(Stem et al.,2006)。相比之下,减少温室气体排放,以避免气候变化带来的最严重的影响,每年的成本只占全球 GDP 的 1％左右。按照斯特恩的计算，在未来 10～20 年时间内，如果我们采取强有力的措施来缓解气候变化，将给全球创造 2.5 万亿美元的净收益。

斯特恩指出有三种机制有助于实现必要的减排，目前这些机制都已在运行之中：

排放交易：扩大并打通全球不断增多的排放交易计划，并且引导将收入用于支持发展中国家向低碳发展道路的转变；

技术：加强开发新技术的合作，特别是开发和应用低碳技术；

减少森林砍伐：利用大规模国际试点项目，探索减少森林砍伐的最佳途径——减少砍伐每年对全球减排做出的贡献超过交通领域。

对斯特恩的批评主要集中于他没有对未来影响导致的成本给予贴现，因此夸大了气候变化的潜在经济成本。斯特恩回应称，从哲学的角度看贴现没有什么意义，因为成本在未来总归会产生。贴现还违背了为后代谋福利的可持续发展要求。从根本上说，对未来影响导致的成本贴现，事实上就是没有长远眼光。尽管如此，哪怕是在斯特恩的计算当中使用更加传统（也就是更高）的贴现率，得出的结论也是类似的：现在采取措施预防严重的气候变化发生，比将来去适应那种气候更加划算。成本收益分析在治理分析6.1 当中有更详细的讨论。

尽管斯特恩的评论因为某些分析方法遭到批评，但是人们普遍认为他的结论是成立的（Arrow，2007）。它为不作为的高昂代价提供了强有力的证据，驳斥了对气候变化抱怀疑态度的人士，后者认为现在花力气减弱气候变化的成本，比将来简单地适应气候变化要高得多。但是，斯特恩的评论所产生的最重要的影响，可能是让人们从经济的角度，而不是单纯从科学的角度去思考气候变化。该评论提出了一个著名的论断，称气候变化是"市场失灵"。换句话说，市场没有给我们使用的资源正确估值。这不同于本书第一章提到的迈克·休姆（2009：310）的观点：气候变化是"治理危机……而非环境危机或者市场失灵"。不过，它代表着经济学家深信不疑的一个观点，那就是市场并不是在根本上对环境不利的，而是只要设计得当，可以起到积极作用。各国政府将减缓气候变化列为一个重要议题，斯特恩的评论功不可没。

麦肯锡减缓气候变化成本曲线

人们还使用成本效益分析寻找减排潜力最大的活动（减排量）。麦肯锡咨询公司（2009）为瑞典能源公司 Vattenfall AB 做过一项此类分析，以整体成本和收益对不同减缓活动做了排名。图 6.1 显示的就是该公司研究得出的碳减排成本曲线,横轴表示的是每种减排措施每年的潜在减排量(10 亿吨 CO_2 当量),纵轴表示的是该措施的净成本(每吨减排温室气体,以欧元计)。这条曲线所展示的是,将现行技术解决方案的作用发挥到极致,从现在到 2030 年的 20 年间每种减排措施可以节约的最大成本。

图 6.1 还显示了减排活动所贡献的全球减排如何降低大气中温室气体的浓度,在图的中间沿着 x 轴标出了 550 ppm、450 ppm 和 400 ppm 的水平。最乐观的估计是,全球每年减排 260 亿吨二氧化碳当量,可使大气中的二氧化碳当量稳定在 450 ppm。这里需要补充一个背景资料:政府间气候变化专门委员会估计,温室气体浓度保持在 450 ppm,最终全球温升超过 2℃ 的概率为 50%;而我们在第一章讨论过,2℃ 被认为是一个关键的护栏,因为一旦超过这个水平,气候影响会变得非常严重。图 6.1 中 x 轴阴影圈内的 "26" 表明,要在今后 20 年内达到这个减排量,每吨二氧化碳当量减排成本低于 40 欧元的所有活动,都必须强力推进。要实现这 380 亿吨的减排目标,到 2020 年需要每年投资 4 900 亿美元,到 2030 年需要每年投资 8 600 亿美元。

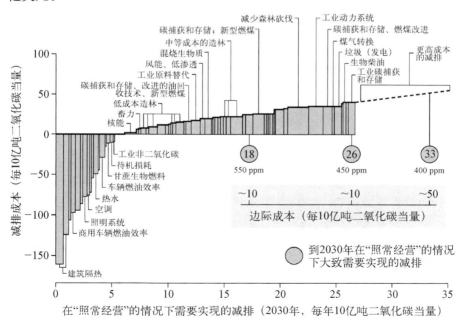

图 6.1 "照常经营"下的全球温室气体减排措施成本曲线

资料来源:改编自 Enkvist et al.,2007。

从全球情况来看,减排潜力最大的是发电(26%)和林业(21%)。能源、交通与建筑占用了大部分投资(约75%),而且55%的投资集中在中国、南美与西欧地区。相反,70%的实际减排机会在发展中国家,而且成本要低得多。最容易摘得的果实是林业,只需要不到总投资的5%,就可以实现超过20%的减排。上图的曲线有力地证明,扭转气候变化的最好机会在发展中国家。

麦肯锡成本曲线表明,采用每吨二氧化碳当量成本在40欧元以下的这些减排措施,每年将花费200亿至3 500亿欧元,不到2030年预计全球GDP的1%。麦肯锡指出,这使得缓解气候变化的活动的成本,远低于政府间气候变化专门委员会(2007)对适应气候变化所需成本的最低估计,即全球GDP的5%左右。这一看法与斯特恩报告形成了呼应。同时他也像斯特恩那样认为,这些活动"在全球金融市场的长期能力范围之内"。

治理分析 6.1

成本收益分析

成本效益分析"涉及以货币化的方式评价拟议政策、计划或项目(包括替代方案)在给定时期的所有成本和收益以及净收益"(Petts,1999:37)。这是一个决策工具,用于决定一个项目是否值得执行,具体方法是先找出所有的影响和结果,然后赋予它们货币价值,再汇总并计算收益是否超过成本,以此判断项目是否应该继续。成本效益分析主要关注评估而不是预测,从而以稳健和透明的方式,用共同的经济标尺对多个备选政策或项目做出比较。

一项政策或一个项目经常有立竿见影的好处,但它可能在将来产生更多成本。例如,核电厂开工建设后两三年就可以建成发电,但处理发电产生的核废料的费用会越来越高,最终在核电厂投运50年左右退役的时候达到高峰。成本收益分析最具争议的部分,是它对未来的成本和收益使用贴现率,也就是把现在的成本和利益看得比未来的更重要。贴现建立在一些假设之上,认为人们未来会有更好的手段处理潜在成本,比如说拥有的财富更多或者科技更发达。就核能而言,我们希望情况果真如此。如今全球有441家正常运转的核电厂,每年总共生产1.3万吨高放射性核废料,但是目前仍没有永久填埋这些废料的方法(Weismanm,2007)。

人们通常以牺牲长期利益来换取短期利益,这是行为经济学家称为"双曲线贴现"的特征,即人们在计算眼前的行动方案时,有意对未来的成本给予折扣。之所以称这种倾向为双曲线,是因为时间越久远,给予的折扣越大。双曲线贴现会给决策者带来严重的问题,因为气候变化最严重的后果很多要在 50 年甚至更长时间以后才会显现出来,因此要牺牲现在的利益去支持减排,是极其困难的。

环境研究者对成本收益分析法的批评,还包括它没有考虑到过去的行动和决定。项目或政策评估是从"第零年"开始的,忽略了过去的决定与更大范围的文化偏好,就好像决策是在历史和政治真空里做出来的(O'Neill, 2007:87)。基于市场的方法倾向于把决策从社会背景中抽离出来,这与可持续发展原则背道而驰,后者强调社区参与适当的本地行动。

相比之下,气候科学家对成本收益分析的批评,则是认为它无法准确处理未来。成本收益的计算建立在对现行趋势的简单延续之上,认为将来的社会和环境变化将遵循大致相似的模式。以气候变化而言,这显然是无法保证的——气候变化是以非线性变化和引爆点为特征的。成本收益分析虽然是决策者用于评估气候变化应对行动的主要工具,但是它的逻辑在非线性条件下会完全崩塌。2℃是国际科学界主张的气候变化护栏,从这个理想状况出发,可以建立一个可预测窗口,使得气候发生非线性变化的可能性降低,并让成本收益分析等传统的决策支持模型可以发挥效用(Kates et al., 2001)。

生态系统服务估值法

生态系统服务估值法不是计算各种作为或不作为对社会造成的成本,而是重视自然系统和生物多样性给人类提供的各种物品和服务。例如,生态系统可以净化水和清洁大气,而生物各自发挥重要的作用,如蜜蜂为商用作物授粉,天敌可以用于控制虫害。生态经济学家罗伯特·科斯坦萨(Robert Costanza, 1997)在《自然》上发表文章指出,全球生态系统服务的价值每年达 33 万亿美元之巨。很显然,谈论这个总价值不是特别有意义,因为有些东西根本就不能用金钱衡量,比方说大气对人类而言就是无价之宝,没有了它,人类就会灭绝。但是,对生态系统服务进行估值,有助于我们理解细微变化的影响,如对空气污染上升5％所致健康损害的财务成本加以计算,而不是对空气污染的总成本或者清洁空气的总价值进行计算。

生态服务主要分为四种(de Groot et al.,2002):

给养服务:提供食品等直接物品的生态系统服务;

调节服务:调节水和空气等环境要素,并保持其健康的生态系统服务;

文化服务:提供休闲等非物质利益的生态系统服务;

支持服务:为前述三种生态系统服务的生产,提供支撑的生态系统服务,如土壤形成。

为了给决策者提供决策支持,生态经济学家试图对环境为人类提供的服务进行估值,这就是生态系统服务估值法。这种方法得出的结果是财务估值,从而可以对不同类型决策的成本和收益进行对比。当然,环境影响、服务和物品都不会自带价格标签,而可以用于对环境做出经济估值的方法众多,各有利弊,但是大都包含某种形式的"享乐定价"(hedonic pricing),也就是让人们按金钱的多少表达个人的偏好,从而给出这一事物的代理价格。例如,支付意愿定价法是对进入森林的人发问,看他们愿意为进入森林之前停放车辆的场地支付多少费用,从而按照森林所提供的服务为森林的价值定出一个代理价格。关键争论6.1介绍了围绕生态系统经济估值的一些争议。

科斯坦萨意识到自己在论文中使用的方法存在严重缺陷,因此声称他的主要目标是突出地球生态系统的潜在价值,以提高人们的环境意识。生态系统服务估值法在过去10年间切实地提高了自己的地位,成为环境决策的基础方法。本书第三章讨论的《千年生态系统评估》便是对全球生态系统的现状加以评估的一次尝试,为生态系统服务估值法提供了科学基础。生态系统服务则在《生物多样性公约》当中得到承认。该公约提供了12条原则和5条业务指南,并被美国和欧盟用来推动更加重视环境的农业补贴政策。

在对环境服务进行估值时,生态系统服务估值法与斯特恩的评论的作用相似,它突出了过去在做决策时完全忽略的环境产品的重要性。不同之处在于,斯特恩的计算旨在刺激和引导集体政治行动应对在国家和全球层面的气候变化,生态系统服务估值法则意在为当地的发展控制决策提供支持。

关键争论 6.1

财务评估的道德问题

享乐估价面临的问题很多。人们对资源的享用有时不能用金钱来衡量,人们愿意支付的多少不仅体现他们个人对服务的判断,还跟他们的富有程度相关。这意味着同一片森林,如果是少数富人使用,估值会比很多穷人使用高得多,更何况资源的使用价值远大于它的经济价值。此外,仅仅按对人类的效用为环境估值,就会忽略那些现在没有使用但是将来可能使用,或者人们尚未认识到的服务。与此相对应的是,经常使用的环境资源比那些尚未使用的更值钱。例如,伦敦 Tree Officers 协会最近给 Mayfair 的一棵悬铃木做出了高达 75 万英镑的估值,因为它提高了周边本已昂贵的房地产的价格,而且营造了独特的风景。

很多人反感给环境估值。面对让人心旷神怡的美丽落日,我们怎么能给它打上价格标签?开采一处油田所获经济价值,与一个物种灭绝的意义,二者又怎么能够平衡呢?马克·萨戈夫(Mark Sagoff, 2004)是对财务估值批评最激烈的学者之一,他认为保护环境本身是一个伦理问题,一旦降级为金钱交易,环保行为就会受到严重的损害。市场会对行为败坏的人给予奖励,这样他们在表现良好时就可以得到更多。他曾经说过:"当每个本来只要少放屁就可以减碳的人都要求得到碳信用的时候,事情就彻底变了味。"(转引自 Jenkins, 2008)

1991 年走漏出来一份臭名昭著的备忘录,记述了时任世界银行首席经济学家的哈佛大学教授劳伦斯·萨默斯(Lawrence Summers)对于将经济学用于解决环境问题的看法(Harvey, D., 1996)。备忘录开篇就是:"这句话只在你我二人之间,难道世界银行不是应该鼓励将高污染行业迁向欠发达国家吗?"备忘录还写道,由于污染危害健康的成本取决于发病率和死亡率升高导致的收入损失,因此富裕国家应该将有害废物倾倒到工资最低的国家去。污染的成本是非线性的,污染程度较轻的时候成本也比较低,这意味着非工业化国家的空气质量还"不够"差。他还指出,那么多空气污染行业"不可交易"是一件"可悲的"事情,因为将健康成本从富裕国家"外化"至贫穷国家可以提高贫穷国家的收入。

> 绿色和平组织华盛顿办公室将这份备忘录分发给了全球的环境保护组织，掀起了广泛的怀疑和愤怒。巴西的环境部长称之为"完全合乎逻辑但彻底荒唐"，《经济学人》杂志在称赞"万能的经济学"的同时，警告人们必须"从经济学家手里拯救地球"。尽管这种有害的帝国主义思想反映了新古典经济学当中昭然若揭的社会和环境缺陷，萨默斯还是成为克林顿总统负责贸易的副国务卿。其实，用于解决环境问题的所有经济学方法都是遵循这个逻辑。政府间气候变化专门委员会对人们适应环境变化的成本做出估算时，认为发达国家人均为 500 万美元，发展中国家人均仅为 50 万美元。
>
> 科斯坦萨是全球首位对生态系统服务做出估值的学者。他做了一个非常有趣的比较研究，对人类生命的价值与在高速公路上安设额外的安全措施的成本进行对比（Jenkins，2008）。正如他所说的，这种计算是对统计意义上的生命，而不是对某个特定的个人进行估值。此外，破坏环境有时是出于伦理上的原因，比方说如果那是生产食物的唯一办法，就不得不加以破坏。尽管如此，人们还是担心一旦进入决策系统，环境资源的价值就完全被经济价值所取代，其他的考虑全部都被抛到了脑后。

结语

对那些负责解决环境问题的人士而言，市场原则有很大的吸引力。上文介绍的各种估值方法表明环境拥有可观的经济价值，这让环境在决策过程当中占据更大的分量。这时，从治理的角度看，问题就变成了如何把这些估值嵌入市场体系这个资本主义经济的基础之中去。另外，人们对市场方法抱有诸多批评，质疑它们是否有能力推动应对气候变化所需的快速转型。对于市场治理方法的优势和不足，表 6.2 做了相应总结。

市场方法最吸引人的地方在于它们有望高效地解决环境问题：以供求规律做决策是高效率的，它可以集合各方的智慧；对政府来说是高效率的，它只要承担市场监管的职责；对引导来说是高效率，只需要调节价格和激励措施；对行动来说也是高效率，可以在较短的时间内聚集起大量资源去解决某个问题。在很大程度上,市场治理方法的不足仅在于这些高效率的事项能否从想象变成现实。研究人士质疑经济估值能在多大程度上体现环境服务价值,对很多环境商品进行圈围,使之可以在市场当中交易这一过程,无疑是极其复杂、昂贵和耗时的。虽然市场可以产生财富,但是它们在催生不公、固化现状以及无法将资金导向最需要它的地方和人群等方面,也已是臭名昭著。此外还存在创造和监管新市场的挑战,这些市场必须得到足够大的激励,才能让参与交易的各方接受,但是又必须足够严格,以便让交易各方真正改变他们的行为。在全球层面的挑战在于,通过创建国际市场,避免企业只是简单地搬迁到市场区域以外的地方去。

表 6.2 当中的许多因素说明了市场不是在真空当中,而是在政府设定的参数之内运行。在环境领域,诸如《京都议定书》所创建的市场需要大量的非政府组织和企业去实施。有能力立法从而在一夜之间创建新市场(如与《京都议定书》相关的市场)的政府扮演着至关重要的角色。从回收到碳交易,政府拥有创造和彻底摧毁一个个行业的终极力量,而且正如 REDD 机制所揭示的那样,这极少是"有市场或无市场"的问题,还是市场在治理方法的组合当中应当扮演什么角色的问题(在最后一章还会探讨此要点)。

表 6.2　市场治理模式的优缺点

优　　　点	缺　　　点
在不确情况下高效汇聚知识	用金钱无法覆盖环境的方方面面
政府参与少,因此各种计划的成本比较低	圈围环境资源的实际问题使得可互换的商品难以创建
有可能调集大量资源去解决一个问题	难以公平和有选择地分配资源
可以通过调节价格引导经济活动,从而取得理想的环境结果	市场可能被商业利益所左右,仅仅维持了现有的不公平
认识到真实世界的复杂性	市场设计困难、有漏洞,等等

新自由主义者倾向于赋予市场近乎神秘的力量,认为其在缺少约束性的规制之下也可以蓬勃发展,就好像它们已经嵌在人类行为的本能之中。但是大多数创建市场的试验表明,市场其实是非常脆弱的事物,只有在习得文化行为和法律框架的呵护之下才能生存。正如安德鲁·甘博(Andrew Gamble,1992)在其著作《自由经济与强国》(*The Free Economy and the Strong State*)当中指出的,自由市场要想顺利运行,需要强有力的政府机构去防止垄断、鼓励竞争和应对工会化的工人。贝基·曼斯菲尔德(Becky

Mansfield，2006)等学者也在对北太平洋渔场的研究当中得出类似的结论——市场的正常运行离不开监管。这就把我们带入了下一章的主题：政府在向可持续发展转型过程当中对经济发展的引导作用。

思 考 问 题

● 建立全球碳交易市场有哪些关键的制度需求？

● 人们批判市场强化了贫富之间的经济不公平，这与市场解决环境问题的能力有关吗？

重点阅读材料

● Bumpus, A. and Liverman, D. (2008) "Accumulation by decarbonisation and the governance of carbon offsets," *Economic Geography*, 84: 127–55.

● Costanza, R. d'Arge, de Groot, R., Farber, S., Grasso, M., Hannon, B., Limburg, K., Naeem, S., O'Neil, R. V., Paruelo, J., Raskin, R. G., Sutton, P. and van den Belt, M. (1997) "The value of the world's ecosystem services and natural capital," *Nature*, 387: 253–60.

● Stripple, J. and Lövbrand, E. (2010) "Carbon market governance beyond the public–private divide," in F. Biermann, P. Pattberg and F. Zelli (eds) *Global Climate Governance Beyond 2012*, Cambridge: Cambridge University Press, 165–82.

第七章 转型管理

学完本章之后你应该可以：
- 阐述什么是技术转型以及如何将其用于可持续发展；
- 弄清社会与技术之间的关系；
- 理解转型管理作为一种独特的环境治理方法的关键特征；
- 分辨出转型管理的优势和劣势。

概述

石器时代的结束并不是因为我们把石头用完了。

（谢克·亚曼尼，1973）

谢克·亚曼尼（Sheik Yamani）在第一次石油危机最严峻的时候说的这句话，意思是人类不需要等到石油耗尽才会拥抱替代能源。低碳技术会将经济增长与碳排放解耦，从而打破环境与发展不可兼得的困局。转型管理是指将技术成果应用于解决社会问题，它显然有助于应对向低碳经济转型过程中的诸多挑战，同时非常关注治理当中的引导这个维度。

本章探讨的是向低碳经济转型所需要的各种系统性转型。首先，本章介绍的是学者的研究成果，他们研究的是各种独立的技术创新如何推广应用到全社会，从而引发所谓的技术转型。其次，本章分析了智能电网、骑行和电动汽车等案例，用以说明在解释技术应用的成败时社会、政治和经济因素的重要性。本章最后以荷兰的能源政策为例，对转型管理的实际进展做了评估，并讨论了它的优势和不足。

技术转型

从四冲程内燃机到互联网的一系列重大技术创新,极大地推动了我们所称的现代文明的发展。每一项新技术都会经历诞生、试验和大规模社会推广的过程,通常成本高昂。有时一项新技术会直接替代之前的老技术,就像铁路在19世纪的诞生让英国的运河在还没有联结成网之前就已成多余之物。许多发达国家想要实现宽带的全面覆盖,就需要铺设光缆,对通信基础设施做大幅的升级,而许多发展中国家发展移动通信却不会受到有线网络的羁绊。谈到可持续发展,低碳技术有可能让发展中国家实现跳跃式发展,不再采用发达国家正在使用的不那么环保的老技术。研究技术转型意味着要分析转型发展的方式,尤其要关注技术创新是如何产生以及后续是如何应用到全社会的。

图7.1描述的是技术创新应用推广的一个典型过程,它会经历从诞生到爆发再到占据支配地位的若干阶段。研究这一过程的关键问题是:催生创新的条件是什么?为什么有些技术会爆发而有些不会?以及爆发之后的创新是如何变得无处不在的?

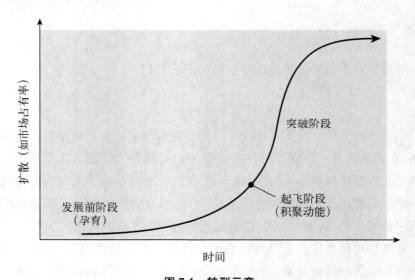

图 7.1 转型示意

资料来源:改编自 Rotman et al., 2001。

荷兰学者提出了技术转型这一概念,以便人们理解创新及其扩散的过程。在他们看来,催生特定技术发展路线的是内嵌在制度和基础设施中的各种规则,而它们又经常是内嵌在针对同类问题寻找解决方案的工程师或科研人士群体当中。这些规则及其催生的群体就形成了人们所称的"体制"(regime)。体制发挥着社会的基本功能,如维护输电所需的线路和变电站。反过来,体制又内嵌在更大的社会技术大环境当中,这与第二章讨论的元治理不无相似,它构成了转型发生的更大的政治和文化环境。与能源相关的体制将包括能源的类型、数量和分布,还有决策的日程以及关于可再生能源的文化价值观和原则等因素(Steward,2008)。

转型模式借用演化经济学的观点,认为各种创新是在市场上彼此竞争的,成功的那些向更大范围的体制扩散,失败的那些则销声匿迹。虽然渐进式变革经常发生在体制内部,但剧烈的变革通常起源于一些利基(niche),也就是受到保护的,让创新得以产生和试验的小环境(Geels,2002)。这些利基是孕育变革的温床,它们拥有自己独特的专业知识和资源组合,这是变革发生的种子(Kemp et al.,2001a)。任何一个体制可能存在众多利基,从中产生众多创新和当时主流方法的替代方案。由于突破性创新一开始可能没有商业价值,"通过社会和政治网络创造利基,让它们摆脱体制的束缚至关重要"(Hoogma et al.,2002:25)。政府的关键作用就是"在不同行动者之间建立联系,在非常具体的时间和空间范围内对创新给予支持"(Beveridge & Guy,2005:675),让创新免受政治和经济压力,采取的方式通常是提供补贴或者减免税收。

图 7.2 描述的是利基、体制和大环境这三个层面是如何相互作用催生转型的。简单来说,利基是诞生创新的地方,体制是做出选择的地方,大环境是这些过程发生的更大范围的周边环境。值得注意的是,这个多层结构是一种启发性的描述,而不是真实存在的实体。换句话说,世界并不是真的由利基、体制等实体组成的,而是这样的分类可以让我们解释技术变革是如何发生的。

正如图 7.2 所描绘的,这个过程极少是暴风骤雨式的,而是需要经过较长时间的一系列调整才会发生。随着利基数量的增长,它们开始联结,打入社会技术体制并打乱它,直到形成新的技术应用组合。体制的技术应用组合永远处于动态稳定状态,因为它与大环境始终相互影响,通过文化变迁、政策改变等途径创造改变的机会窗口。吉尔斯(Geels,2002:1262)对蒸汽动力船取代帆船做了研究,回溯了第一批蒸汽船试验的早期阶段,揭示了它们"在体制和大环境层面持续发生的流程为其创造了'机会窗口'"的时候如何突破它们诞生的利基。在系统性变革模式下,新技术在彻底取代老技术之前,通常会与老技术共存一段时间。

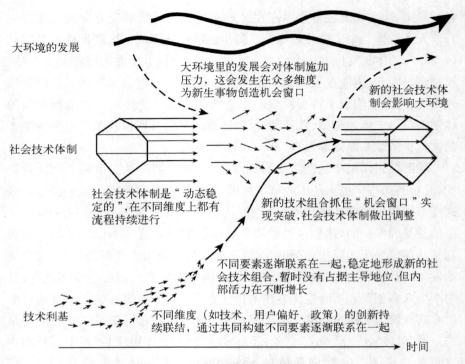

大环境的发展

大环境里的发展会对体制施加
压力，这会发生在众多维度，
为新生事物创造机会窗口

新的社会技术体
制会影响大环境

社会技术体制

社会技术体制是"动态稳
定的"，在不同维度上都有
流程持续进行

新的技术组合抓住"机会窗口"实
现突破，社会技术体制做出调整

不同要素逐渐联系在一起，稳定地形成新的社
会技术组合，暂时没有占据主导地位，但内
部活力在不断增长

技术利基

不同维度（如技术、用户偏好、政策）的创新持
续联结，通过共同构建不同要素逐渐联系在一起

时间

图 7.2 系统性变革的多层面动态模型
资料来源：改编自 Geels，2004：915。

吉尔斯等人（2008：7）总结了技术转型的六大特征：

转型是共同演化和多维度的。新技术的应用和扩散同时取决于技术和社会因素。例如，电信领域的创新让很多过去必须进办公室的人如今可以在家工作，这反过来又推动了光纤的铺设，以将高速互联网带进居民小区。这样，技术和社会的改造就同时发生了。

系统性变革涉及众多因素。系统性变革在本质上就会覆盖大多数社会群体和利益相关者，包括企业、政策制定者、消费者、供应商、分销和零售链、公民社会和非政府组织等。由于转型是创新推动的，主流社会外部的行动者时常扮演着重要的角色。

转型发生在多个层面。系统性变革通常会涉及不同层面的流程之间的交互，将改变从利基逐渐扩散到大环境。

系统性变革是根本性改变。从一个系统切换到另一个系统，过程通常是缓慢的，而非突变的，但最终的结果是根本性的。

转型是长期的。转型需要数十年时间才能完成。

改变的速度是非线性的。转型过程中的变化时刻都在发生,但速度在不同转型阶段会有所不同(见图7.2)。

转型与可持续发展

低碳经济在政策领域如今已成常识,其做法是鼓励更多人从事可持续性更强的行业。例如,联合环境规划署提出"绿色经济计划",目的就是帮助政府鼓励发展环境更加友好的行业。这样做的逻辑很清楚:让社会变得更具可持续性需要开展的许多活动是劳动高度密集型活动,因此鼓励低碳行业的发展可以刺激就业岗位的创造(这是几乎所有民主国家政治领袖最关切的问题)。例如,改造现有房屋使之具有更高的能源效率;又如,安装太阳能面板,或者对汽车进行改造使之适合使用生物燃油。这些活动不能在工厂里用机器完成,而是需要大量熟练的工人。应对气候变化的诸多挑战需要进行大规模的技术转型,从燃油车转变为电动车,从燃煤发电厂转变为可再生能源发电厂,这些都需要对基础设施和人们的生活方式做出巨大的改变。

绿色经济究竟能够创造多少就业岗位,这个问题对于做出改变投资方向的决策至关重要。如今这有点像一场政治足球赛,拥护者强调可以创造出新的、可持续的(从所有意义上讲)就业岗位,反对者则盯着迫使污染行业迁移或者关门导致的就业岗位的损失不放。美国加州最近就是否推迟实施《清洁空气法案》,直到失业率从超过10%降低到5.5%以下举行的投票,就几乎完全是围绕着就业岗位开展的斗争。大家关注的焦点是,清洁技术行业创造的就业岗位,能否弥补炼油厂离开该州所损失的岗位数量。

针对德国的实践开展的研究表明(德国联邦政府提出的《综合能源与气候计划》已于2007年付诸实践),到2020年创造的就业岗位可能达到50万个。此外,如果所谓的"梅泽贝格计划"(Meseberg Program)能够巩固德国可再生能源技术在全球的领导者地位,还可能再创造100万个就业岗位(German Advisory Council on Global Change,2009)。美国的情况更多是基于推测,但有研究表明,如果把政府目前提供给化石燃料相关行业的补贴投资到提高能源效率和可再生能源领域,可以多创造大约20%的就业岗位(Houser et al.,2009;Pollin et al.,2008)。在没有开展试验之前,这些政策的实际情况如何无法判断,但是这会带来相当大的政治风险。

正是在这样的背景下,2008—2009年全球金融危机被许多人视作实施低碳日程的良机(Stern,2009)。这场危机不仅损害了人们对现行体系带来经济增长的基本信心,它还提供了用政府资金支持绿色行业,从而把经济带到更具可持续性的道路上去的机会。人们迅速地将之与罗斯福新政进行了对比。那是在 20 世纪 30 年代大萧条之后,美国政府将大量公共资金投向基础设施和社会项目以创造就业岗位。气候变化和金融双重危机,带来了创建全球性"绿色新政"的机会,这将推动政府将他们嘴中的政治话语与针对环境可持续性的财务投资统一起来(Leichenko et al.,2010)。美国总统奥巴马提出的"绿色新政"就是试图使用经济刺激手段,将经济带向更具可持续性的各种活动。

图 7.3 展示的是 20 国集团(经济规模最大的 20 个国家)各成员国在经济刺激手段上的投资额占国内生产总值(GDP)的比例,以及这部分资金用于绿色行业的比例。联合国环境规划署设立过一个标准,要求将 GDP 的至少 1%投向绿色行业,但是大多数国家没有达到此目标。在全球范围内,经济刺激总额当中投资在绿色行业的比例平均只有 15%,其中大部分进入了铁路和废物处理领域。中国和韩国在这个方面领先,比例分别达到 28%和 80%,而美国只有 12%。毫无疑问,绿色投资在德国和中国等国家得到了更加严肃的对待,远胜于其他国家。

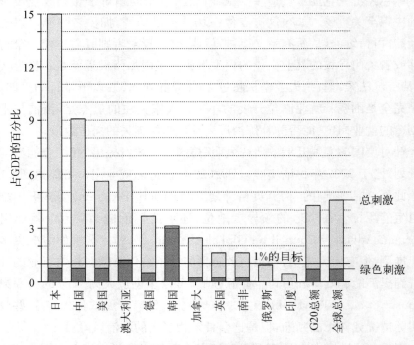

图 7.3　G20 成员国的绿色投资

资料来源:改编自 Barbier,2010。

支持可持续发展目标的技术越来越多。从摇篮到坟墓的设计考虑了产品的整个生命周期,运行和处置成本都已计算在内;仿生设计则是努力将自然界的原则运用到产品的设计当中(Webster & Johnson,2008)。这些技术倡导预防性的而非补救性的环境保护,着力于消除环境污染的原因,而不是解决它们的症状。案例研究 7.1 所讨论的工业生态学,研究的就是如何对废弃产品加以最大程度的再利用。

既有技术由于已在使用当中,面对新技术享有"锁定"优势。例如,人们使用燃油车,因而了解它们的局限性,机械师懂得如何修理,保险公司可以为其承保,全球各地都有加油站(为其提供燃料)。整个社会不仅锁定在既有技术当中,而且还会受到新技术的威胁。正如马基雅维利(Machiavelli,1992:17,转引自 Lessig,2001:6)在近 500 年前所说的,"创新会与所有在旧政权下得势的人结成仇敌,仅有的微弱支持来自那些有望在新政权下得势的人"。无论是电动汽车还是氢燃料电池汽车,凡是想取代现有燃油车的,就必须克服与燃油车相关的社会、技术、政治、经济和金融锁定。案例研究 7.2 探讨的是诸如电力供应等现代生活的基本要素,是如何给转型带来重大挑战的。

案例研究 7.1

工 业 生 态 学

工业生态学建立在这样一种思想之上,即工业是生态圈的一部分,而不是独立在外的。它旨在重新设计制造流程,使之表现得更像生态系统,也就是一个流程的废弃物成为另一个流程的资源投入。最早推动这一理念的两位学者指出,"一个理想的工业生态系统的材料,就像生物生态系统当中的资源那样不易枯竭。一块铁今年成为一个马口铁罐头,明天变成汽车的一部分,十年以后变成房屋框架的一部分"(Frosch & Gallopoulos,1989:2)。工业生态学开发出了全生命周期评估工具,试图把某个工业流程的所有影响都考虑在内,从原材料开采、材料加工、生产制造、使用和维护,直到寿终正寝之后的处置。

垃圾发电厂使用生活和工业垃圾发电,就是践行这一理念的一个范例。人类制造的垃圾越来越多,单纯靠填埋不仅代价高昂,而且已经不再可行。垃圾发电厂把废弃物作为资源,将那些无法回收或者分解

的垃圾在高度控制的条件下焚烧发电,创造了一个闭环系统。焚烧之后的灰烬通过处理,提取其中的金属之后,送去建筑行业加以循环利用和/或加以处置,焚烧过程中产生的高温气体在锅炉当中冷却产生蒸汽,蒸汽再进入涡轮发电机,产生的电力输送到本地的电网。

温哥华的垃圾发电厂在 1988 年投入运行之后,在该地区的固体垃圾管理体系当中发挥了至关重要的作用,确保了垃圾以环保的方式得到妥善处理。该发电厂由 Covanta Burnaby 可再生能源公司运营,坐落在伯纳比南部的商业和工业园区,吞吐能力超过该地区产生的垃圾的 20%,每年焚烧的垃圾达到 28 万吨,用于生产蒸汽和发电。电厂生产的蒸汽销售给旁边的一个再生纸厂,发的电则输送到 BC Hydro 能源公司,可供 12.3 万个家庭使用。该电厂每年的电力和蒸汽销售收入就可以达到 1 000 万美元。

案例研究 7.2

智 能 电 网

过去发电主要依靠少数规模庞大的燃煤发电厂,然后通过由变电站和高压线路组成的电网输送到全国各地。这个输配电系统可以对用量峰谷做出响应,在一天的用电高峰时段发更多的电(只要投入燃煤产生更多热能就行)。相比之下,可再生能源产生的电是不平稳的,因为风力发电在夜间发电更多(起风的时候),太阳能发电则取决于日照。不平稳的供应导致电力供需之间出现错配,而电力无法加以大规模存储,导致这个问题变得更加棘手。于是,发电厂需要把在夜间工作的蓄热加热器的原理扩大到其他技术,并且使用差异化价格大幅补贴夜间用电,提高日间用电的电价。要让这些技术发挥作用,人们必须理解它们,并且接受新的生活方式。

此外,把燃煤运到热电厂需要规模庞大的基础设施(通常是铁路),把电力输送到全国各地也同样需要相应设施(变电站、高压线路等)。可再生电力则是高度分散的,单个装置的发电容量小,但是数量众多,相比少数几个装机容量庞大的热电厂,它在理论上拥有优势。依靠风电、水电和太阳能发电供给能源，可以让人类社会更好地应对危机。在本地发电，而不是从全球不稳定的地区进口能源，运行故障发生时影响到的人就不会那么多。电网有不同来源的发电厂供给电力，一个电力来源停止供电，就可以用另一个来源的电力填补。

不过从短期来看，这个优势却是一个障碍，因为它需要一张"超级智能电网"，能对来源不同和起伏不定的供需做出平衡。这种类型的电网与现有的电网差异巨大。我们可以使用入网补贴鼓励小规模的可再生电力，但是改造现有电网所需要的大量资金和人力资源，成为能源转型面临的一个重大瓶颈。

尽管存在这些挑战，转型管理还是对那些对提高社会可持续发展能力负责任的人富有吸引力。它建立在技术转型研究的基础之上，将其经验和教训用于引导在庞大的社会技术体系当中推动有利于可持续发展的长期变化。例如，对现有体系施加财务和监管压力，同时对试验性项目的研究和开发给予税收减免和资助（Geels et al.，2008）。这可能涉及一些慎重的流程，某个行业的利益相关者通过它们构思各种创新，或者给中介组织提供资助让它们去把研究转化为政策。梅多克罗夫特（Meadowcroft，2009）总结了让转型管理成为一种促进可持续发展的治理模式的六个特点：

它让未来在当前的决策中变得更加清晰。提出各种可能的途径，然后分析它们在较长时间内的可行性和/或理想程度，使得当前的决策过程把未来的可持续发展考虑在内。

它会改变现有做法。体制（regime）这个概念捕捉到了改变人们惯常做法和社会行为，从而推动变革的重要性。

它会建立不断自我评估和调整的迭代流程。不同行动者聚集在一起寻找针对具体生产或消费问题的全新解决方案，并以互动和迭代的方式运作这个过程。

它会打通技术和社会变革。我们从"锁定"这个事情上可以看出，新技术得到接受必须有社会变革的支持。

它强调在实践中学习。转型管理带有试验的性质，它主张在真实世界里开展试验并从中学习。

它鼓励采用众多方法，而不是遵从一个中心化的单一计划。利基创新这个概念会催生众多的创新方法,这些创新随后会在更大环境的压力之下经历优胜劣汰。这种多样性比中心化的单一计划更加适合应对可持续发展的复杂性和满足当地的需求。

当然,这种技术转型文献关注焦点的历史性转型与可持续发展转型之间的关键差异之一,在于前者通常是充满偶然性的历史过程的结果,而后者是有意引导的结果(Hodson et al.,2008)。加州的"氢气高速公路计划"就是这样一次定向的尝试,它意在从一种技术(燃油车)转换到另一种技术(氢电池车)。2004 年,加州州长阿诺德·施瓦辛格启动了这个计划,目标是在6 年时间内将该州 21 条州内高速公司转型为氢气高速,将车辆排放的温室气体减少 30%。旧金山湾区至萨克拉门托地区、洛杉矶至圣迭戈地区的小型加氢网络,将最终联结起来,形成一个包括约 250 个加氢站的大网络,为约 2 万辆汽车服务。按该计划,汽车行业、工业气体公司、能源公司、政府和高等院校将以公私合作的方式将蓝图付诸行动,同时建设氢气基础设施的企业将从加州政府得到 50% 的财政补贴。

政府干预通常在为新技术创造利基的过程中起到至关重要的作用,毕竟它们要挑战的是享受"锁定"效应的老技术,但是在许多情况下,即使政府大举干预也有可能遭遇失败。加州的"氢气高速公司计划"在州财政紧张以及汽车制造商恢复支持电动汽车的双重影响之下已经基本停滞。继续以加州为例,坎普等人(Kemp,Rip & Schot,2001)的研究表明,政府补贴非但没有对风电起到推动作用,而是适得其反妨碍了它的发展。在这种情况下,政府补贴鼓励的是成本低廉但性能低下的技术,它的效率不够高,因此最终无法在市场上推广开来。

由于存在这些问题,政府的做法通常是避免支持某几个赢家,并专注于营造鼓励创新的大环境,不去规定创新应该以什么样的方式去开展。这就会在能源等对于可持续发展至关重要的行业内催生"用不同技术和社会创新开展一系列试验"(Meadowcroft,2009:325)。这跟许多治理模式一样,总体目标或者最终目标是确定的,但是达成目标的路径悬而未决(Geels et al.,2008)。

在真实世界里开展的试验推动了根本性的社会和技术转型,并让一些努力通过提高创新能力获得竞争优势的地方成为可持续发展的领导者。这样的竞争产生了一些非常引人注目的项目。例如,玛斯达尔城(Masdar City)是一个完全新建的城市,位于阿联酋距离阿布扎比 17 千米的沙漠之中。这个可以容纳 5 万人居住的新城,出自 Foster 建筑设计公司之手,全部使用可再生能源,希望实现零碳和零废弃物(Masdar City,2010)。"masdar"在阿拉伯语里是"资源"的意思,这个项目的目标是寻找创新的方法和知识,让玛斯达尔城成为全球可持续城市开发的样板。这无疑是用技术应对气候变化的最大胆的尝试。玛斯达尔城区将用来测试各种零碳技术和生活方式,并接受新近成立的玛斯达尔研究院的监测——研究院是该项目的核心(Evans & Karvonen,2011)。对各种创新和试验进行监测和评价,并最终从中获得经验教训,是让这些创新和试验在体制层面得以推行的关键举措。

社会与转型

转型的概念虽然在学术界和决策群体当中越来越受欢迎,现实世界里的试点项目也随之四处开花,但这种模式也不是没有遭到批评的。一个最基本的观察就是创新未必需要创造全新的技术。例如,丹麦并非风力发电机的发明者,但是该国 Vestas 公司通过对老技术的"再创新"成为世界领先的风力发电机制造商,并且围绕着该公司成功培育出一个清洁技术行业。正如斯图尔特(Steward,2008)指出的那样,许多传统技术都有能力对可持续发展做出贡献,人们在竭力开发新技术的同时不应该忽略它们。

同样,创新并不是非技术创新不可,也可以是社会或政治创新,创造新的生活方式、社会实践或者新的治理组织方式。事实上,社会转型需要社会创新是理所当然的事情。斯图尔特(2008)对历史上一些赫赫有名的科学项目,如开发原子弹的"曼哈顿项目"和载人登月的"阿波罗计划",与推出综合医疗保障服务的公共健康和福利改革计划做了对比,发现前者虽然有可能产生根本性的技术创新,但是并没有改变人们的日常生活或者人类的经济体系。

与这些自上而下的技术研发任务相比,19 世纪的公共健康改革和 20 世纪的福利改革,是知识分子、社会运动和企业家们以零碎的、自下而上的方式发动的,只有在被政治改革者接纳(通常是在面临危机的时候),成为国家政策之后,对社会体系的更大规模改变才会发生。我们在案例研究 7.3 当中可以看到,鼓励人们接受更具有可持续性的生活方式,通常需要的是一些简单的改变,而不是根本性的创新。把可持续发展当成一个艰巨的技术问题来对待,可能偏离了问题的核心。

案例研究 7.3

荷兰的骑行

荷兰人出行三分之一靠自行车,比例远超其他任何欧洲国家,相比之下,英国只有不到 2%,意大利只有不到 1%(Gilderbloom et al., 2009)。荷兰是一个高度发达的国家,民众富裕,完全买得起自己想要的汽车。荷兰的天气跟英国基本相似,潮湿、风大,自行车失窃率也大致相当。虽然荷兰的某些地区比英国平坦,但这些地区的风也更大。

两个国家使用自行车出行比例的巨大差异,原因在于把自行车纳入人们生活的方式,其中最重要的可能是在荷兰骑自行车受到严格的法律保护。自行车与机动车发生任何碰撞,都能向机动车的保险索赔,这就把防止碰撞的义务全部转到了机动车驾驶者的身上。除了法律环境之外,荷兰的道路设计非常适合骑行,有独立的连续骑行道路,通常还是两车道的设计,意在提高通行率(Pucher, 2007)。公共空间的设计也让骑行成为最便捷的出行方式。Woonerfs 是经过特殊设计的社区,这里的学校、居民区和工作场所之间的距离较短,适合骑车往返其间,规划设计者还鼓励人们采用多模式组合交通,自行车可以方便地带上火车,以及直接骑到轮渡船上。最后,无处不在的公用自行车,既便宜又实用,还带有挡泥板和内置车锁,让大量的民众愿意使用这些自行车。

所有这些因素加在一起,在荷兰营造了一种爱好骑行的文化,学生骑车上学,上班族骑车去办公室,人们到附近度假也骑车。由于整个社会各个领域都参与其中,骑行就成了一种常规的交通方式。有趣的是,荷兰人的骑行率不是一直这么高的。1950 年英国人骑自行车出行的比例达到 15%,比阿姆斯特丹高,此后一路大幅走低。荷兰的骑行比例也跟英国一样变化,直到 20 世纪 70 年代荷兰的交通政策发生重大转变,让机动车承担严苛的法律责任,在当时汽车占主导地位的体制上打开了一个机会窗口。在荷兰营造骑行文化的这些改变,没有理由不能复制到其他地方去。

聚集于技术的转型理论招致的批评,部分也适用于这种观念:发展中国家可以"跨越"发达国家曾经使用的高污染技术,从传统的技术直接迈入可再生技术。在不那么富裕的国家,汽车等技术不像在发达国家那样普及,因此它们要克服的锁定因素要少一些,但是在这些国家的政府拥有的资源中,能够用来创造有利于创新和采用清洁技术的,也要少得多(Perkins,2003)。昂努和卡里洛-赫莫西勒(Unruh & Carillo-Hermosilla,2006)指出,技术上的跨越需要发达国家率先大规模使用低碳技术,然后发展中国家才能跟进。不幸的是,可供学习的例子很少——可再生能源在全球发电量当中占比仅 1%。他们由此推断,跨越的希望很渺茫。

认为只要把可持续发展技术扔到发展中国家就能万事大吉的观点,掩盖了大量社会和政治问题。锁定问题也是如此。各国未必对高污染技术有事实上的依赖,但是它们可能有巨大的象征意义上的依赖。简单地说,工厂和高速公路在很多国家代表着经济发展。改变关于什么是现代社会成功和进步的固有文化意象以及对成功和进步的渴望(也就是在大环境层面),可能是实现向可持续发展转型的最大挑战。

英国社会学家伊丽莎白·苏维(Elizabeth Shove,2003:9)在谈到可持续发展的社会因素时指出,人们的偏好和需要并非是稳定不变和理所当然的,而是有"巨大的可塑性"。在这一点上,意在揭示人类对环境的影响的教育计划是头等功臣。例如,泰国"黎明计划"(Dawn Project)意在让公众更加了解能源消费不断攀升对环境造成的负面影响,从而提高公众的环境意识。该计划以全生命周期评估这一概念为基础,设计了关于在日常生活中如何节约能源的教育资料,并向教师和社区领袖提供培训,在全国总共吸引了超过 300 000 名中小学生、23 400 名教师和 2 400 名社区领袖参与。结果,接近一半的学校把能耗降低了至少 10%。研究社会和技术共同演进的社会技术研究(参见治理分析 7.1),如今用来理解可持续性技术在全社会的扩散。

治理分析 7.1

社会技术研究

胡格马等人(Hoogma et al.,2002)提出,技术方案、用户需求以及相关机构都是由技术发展过程激发和塑造的。例如,第二次世界大战后汽车的普及让人们每天经历更长的路途去上班,这与郊区的扩大密不可分,并塑造了美国民众今天的生活。这并不是说美国人愿意每天花那么长时间通勤,而是分散的居住格式、工作与生活在空间上的割裂、战后城市规划模式、政府对第二次世界大战老兵的建房补贴,还有汽车行业极力开展的政治游说,所有这些因素加起来可以解释为什么美国人喜欢内部空间宽大的汽车,因为这是让长途通勤变得可以忍受所必需的要素(Brand,2005)。

共同演进表明,技术与社会之间的关系比较复杂,不是为了满足人类需要发明技术,然后公开就万事大吉那么简单。由于周边环境是在我们出生之时就已存在,所以人们很容易忘记它们其实是前人设计而成,同样也是可以进行再设计的(就像案例研究 7.3 介绍的那样,荷兰的城市就为了适应自行车做过改造)。这种认识具有解放意义,与此呼应的是这样的观点:"所谓的环境危机需要的不是发明解决方法,而是对事物本身做出再创造"(Evernden,1992:123)。正如拉尔夫·布兰德(Ralf Brand,2005:13)指出的,"如果我们参与设计、提供、组织和维护这些外部环境的人,还有那些以自己的行为和日常决策对这些外部环境做出反应的人之间开展的严肃对话,我们也许可以发现他们的结构特点,从而发现他们的可塑性"。人们在处理创新和技术发展之间的关系时,越来越多地会带着这样的观点,让产品的使用者参与产品设计和应用的过程。

人们对于创新的内容是什么的困惑,导致人们在转型研究中开始思考一个更加根本性的问题:实际上发生"转型"的究竟是什么(Meadowcroft,2009:326)。例如,转型管理认为在处理与能源体制类似的事物时,即使不能视其完全独立于大宗商品链等社会领域,也至少可以从分析的角度将其割裂开来。低估可持续性技术的社会复杂性,会有忽视转型的法律和政治因素的风险。

从服务由政府集中提供的卫生城市模式,到服务由众多行动者分散提供和管理的可持续发展模式的转换,带来了一系列的社会问题(Pincetl,2010)。例如,就像用大缸集水这么简单的技术,也就是用容积庞大的塑料容器收集屋顶落水供家庭或者花草浇水使用,也有一系列的社会影响。美国一些总体上缺水的州,不允许屋主阻止房屋落水流进下水道,使用大缸集水便是违法行为。这些大缸对公众健康也有影响。显然,这种技术在炎热的地区很受欢迎,因为这些地方的园林需要更多水,而供水的压力越来越大。但是,炎热会让死水成为尼罗河热和疟疾的温床,从而带来谁对维护这种技术和处理不利因素负责的问题。对于那些准备采用这项技术的人而言,这些问题可不是知道如何安装那么简单,而是彻底改变了他们与政府、供水公司、邻居,甚至他们自己(他们自己给自己供水)的关系。

因此,人们对可持续性技术的态度受到广泛的文化因素的影响。伊万·赖丁(Yvonne Rydin,2010)曾经指出,房屋保温层有助于节省能源支出,但是如果它有悖于人们的日常做法,很多屋主就不会敷设保温层。对可持续性技术提供补贴也必须符合人们的习惯和做法,这样才能让人们的行为发生改变(Owens & Driffil,2008)。案例研究 7.4 讨论的是电动车的接受过程,不是在 21 世纪,而是在 20 世纪早期,它让我们得以窥见影响技术转型的社会、经济和政治因素。

许多改变了供水和供电等基本服务供应方式的可持续性技术,也面临类似的问题。与上文讨论的水缸一样,可再生能源技术会把社会的基础设施从集中式转变为分散式。集中式的基础设施指的是政府或某个商业机构对服务交付负全部责任,发生任何问题都由提供者与消费者商谈解决。而在分散模式下,生产者和消费者都突然变成了全新的群体,公域和私域之间清晰的分界线因而变得复杂起来。分散的基础设施产生分散的责任,因此看似简单的技术可能产生显著的社会和法律影响。

案例研究 7.4

电 动 车

电动汽车与现在许多其他的可持续性技术一样,不是什么新鲜事物。管理和创业学者戴维·基尔希(David Kirsch,2000)对纽约电动汽车公司(Electric Vehicle Company,运营时间为 1897—1912 年)的研究,描述了 20 世纪早期蒸汽、电力和汽油三种技术如何展开竞争,争相成为领先的汽车技术。这个研究总结了诸多关于技术推广的重要经验和教训。首先可能也是最重要的是,电动汽车是一种不一样的城市出行方式,因此人们不需要购置也不需要保养自己的车辆。电动车在固定的场所出租或者像出租车那样运营,而其他形式的交通工具将用于城市之间的长途交通。电动汽车的电池容量是个老大难问题,它限制了车辆的活动范围,但如果人们可以改变对出行方式的理解,它就不再是一个问题。

实际上,电动汽车的制造商和拥趸总在不停地承诺很快就会推出更好的电池,而这事实上却妨碍了销售。正如基尔希所问的,如果不是因为马上就会出更好的电池这种承诺,有多少人会买电动汽车?一项买了之后就立刻过时的技术,是没有人愿意买的。当然,讽刺的事情是,不仅电池在过去 100 年间没有多少进步,而且现在的电动汽车制造商又在做完全相同的承诺。

电动汽车这个故事的最后一个教训是,燃油车本身在推出之初是被人们看成一种环保手段的。在使用马匹作为出行方式的城市,马的粪便处理的问题非常棘手。相比之下,燃油车更加清洁和高效。只是后来汽车保有量实在太大,它们才逐渐成为一个麻烦。在 20 世纪初,没有人可以预测某项单一的技术会独霸整个汽车行业,或者汽车会变得如此普及。从中可以得出两条经验:第一,新技术的影响很难完全预测或者检验;第二,影响技术的时间窗口相对较短(在 20 世纪初的电动汽车这个事例当中,与燃油车平等竞争只有约 10 年时间,然后就发生了锁定现象)。如今,要改变人们对个人出行的态度,难点在于大家的观念已经相当根深蒂固,认为任何电动汽车的续航里程和其他能力都必须可与燃油汽车匹敌。

转型实践

将转型管理付诸实践的最齐心和最有分量的努力是在荷兰。2005 年,该国经济事务部推出"能源转型计划",旨在实现荷兰向可持续能源国家的转型。当局认为试点项目对于创新以及在实践中学习有至关重要的作用,于是提出了名为转型平台的计划,它由用以支持能源利益相关者将各种构想付诸具体项目的网络组成。项目的评估标准包括成本和收益、吸引商业投资的可能性、需求的旺盛程度以及取得技术成功的可能性等。首批约 70

个项目在 2005 年启动,财政投资约 1 000 万欧元。投资额在 2006 年增加到 1 500 万欧元,2007 年再次增加到 2 000 万欧元,此外还有私有合作伙伴提供配套资金。这些项目之间的知识共享由一个名为"转型能力中心"(Competence Center for Transitions)的机构负责。这个机构由荷兰环境部、学术界、荷兰应用科学研究组织以及可持续发展研究组织 SenterNovem Agency 联合组建。

这些项目的初衷是促进公开学习,但慢慢地被当成开创新业务的手段。此外,由于这一直是个从下至上的项目,重点是开展试验和推进项目,它在体制层面(如制度、能源市场、产品标准、用户行为和基础设施翻新)对能源政策的影响至今是有限的。用吉尔斯等人(Geels et al.,2008)的话讲,荷兰这个案例受现有体制主导,结果是很少就现有体制、能耗水平、对别国的依赖、社会公平以及谁拥有或者应该拥有发电能力等方面提出根本性的问题。这可能一点儿也没让人感到诧异,因为关键利益相关者主要来自原有能源领域(该计划的负责人是荷兰壳牌公司的 CEO)。从实践的角度看,推广的机会窗口从来没有被创造出来,空留理论研究人士对以下事实感到懊悔:这些试点项目的转型管理并没有按预期的那样遵守公开的反射流程(Kemp et al.,2007)。

强调技术解决方案还会带来忽视某些地方需要和能力的风险。哈德森和马文(Hodson & Marvin,2009)指出,在以在欧洲主要城市建立绿色交通示范点为目标的欧洲清洁交通计划中,那些样板项目是简单强加给那些城市的,而不是跟它们一起规划的。参与这些项目负责技术创新的公司,关注生态、技术和经济方面,却忽视社会方面的因素,于是在一些地方遭到了当地民众的抵制。有时,试点本身就意味着只是对新技术做现场实验,而不是尝试真正创新的构想并从中学习。他们在谈及伦敦时这样说道:"一边是致力于采用从社会角度看更加包容和高度参与的方法……一边是跨国石油和汽车行业组成的联合体,把伦敦视为一个展示场地,推行从上至下的实验方法。"(Hodson & Marvin,2007:304)

结语

转型管理的焦点在于引导社会朝着更具可持续性的未来发展,因此同时得到了政府和企业的热烈欢迎。表 7.1 对这种方式的优点和缺点做了总结。它的主要缺点在于,在发达国家之外,难有很多国家拥有足够大的政治或者技术能力,去创造技术变革所需要的各种条件。就算是在发达国家,公众对科学研究和环境保护的决心,通常也达不到转型管理所需要的水平。转型之前的文化规范至关重要。例如,日本有 mottainai(惜物戒侈)的传统,这让该国得以走上一种高度类似于德国和荷兰的发展道路。

技术经常被当成灵丹妙药,无论是公众还是政策制定者都这么认为。技术转型文献揭示的经验表明,广泛的社会期望和政治环境对于技术推广很重要。技术意味着新的生活方式,但是需要政治远见才能让技术真正带来我们想要的生活。由于环境治理的诸多挑战在本质上基本是政治性的,所以重技术创新而轻社会创新是有风险的。由于难以产生真正创新的技术来改变现状,这个问题对转型管理在实践中取得成功形成了阻碍。

表 7.1 转型管理的优缺点

优　　点	缺　　点
关于有效引导的强有力的模型	需要国家在技术和环保两个方面有坚定的决心
认可技术的关键作用	忽视社会和政治创新的作用
聚焦于创新可以推动的改变	难以在现有系统内建立不同观点
聚焦于系统性转型	容易忽略某些地方的需要,而且只能在强有力的政治实体的内部运行

转型管理的理想情况是发生在一个强大的政治实体内部,如一个国家、地区或者城市,它要能设定自己的激励措施。德国取得成功的故事,也就是在 1990 年到 2007 年间碳排放下降 22.3%(Boden et al.,2010),掩盖了该国只不过是把大部分高污染行业转移到了其他国家这个事实。德国(事实上还包括大部分发达国家)照样在消费碳排放量大的产品,只不过这些产品是在其他地方生产的,因此排放量算到了那些国家的头上。北欧也外包了自己的碳排放。如果从消费而不是从生产的角度去衡量碳排放,就会呈现截然不同的局面。

对技术运行的政治大环境缺少准确的把握,导致决策制定者陷入精神高度分裂的思维,在支持宏大的技术解决方案与个人行为改变之间摇摆不定。这样的政策立场没有响应联合国政府间气候变化专门委员会分析报告和斯特恩评论提出的创新的紧急性和激进本质,这意味着有必要在创新政策的核心再次植入一个社会性的任务,从而有助于可持续性创新战胜锁定效应以及通过维持现状而获益的那些人的既得利益(Steward,2008:5)。

　　作为一种以演进经济学来研究系统的治理方法,政治机构甘居二线可能不会让人特别诧异,甚至转型管理的拥趸也认识到,决定利基试验成败的演进式选择的推进者也不是没有问题(Geels,2002)。不管演进是被看成一个变化、选择和保留的过程,还是一个创造新发展路径的系列事件的展开过程,创新都被认为不过是经济大环境的一个产品而已。不过,选择所面临的关键压力仅仅是经济压力,别无其他。例如,如果完全让市场来决定,那么来自消费者选择的压力将会有利于实际上并不具备可持续性的新技术(如四驱汽车)。在实践当中,转型管理离不开国家设定政治目标,然后支持某些技术,为它们创造良好的经济大环境。从既有研究来看,就算是在民主国家,技术转型也是有可能实现的,但是我们必须更好地理解推动创新和克服锁定效应的治理体系。

思 考 问 题

- 转型管理的关键行动者有哪些?他们之间行动的协调性如何?
- 可持续发展转型可以引导吗?

重点阅读材料

- Geels, F. (2002) "Technological transitions as evolutionary reconfiguration processes: a multilevel perspective and a case study," *Research Policy*, 31: 1257–74.
- Kirsch, D. (2000) *The Electric Vehicle and the Burden of History*, London: Rutgers University Press.
- Meadowcroft, J. (2009) "What about the politics? Sustainable development, transition management, and long term energy transitions," *Policy Science*, 42: 323–40.

第八章 适应性治理

································· 学 习 目 标 ·································

学完本章之后你应该可以：
● 理解什么是恢复力和适应周期；
● 理解适应性治理如何在社会和生态系统当中得到应用；
● 清楚恢复力作为环境治理的基础概念具有的优势和不足。

概述

> 我们对要研究的系统的了解总是不全面的，因此出现意外在所难免。不仅知识体系不完善，系统本身也是变化的。
>
> （霍林，1993：553）

全球金融危机、气候变化和石油消耗峰值让人们非常清楚地认识到，人类社会必须适应未来的冲击、危机和灾难。于是恢复力（resilience）迅速成为环境政策和研究课题用以达到这个目的并在此过程中让社会更具可持续性的一个工具。恢复力这个概念起源于一系列的生态学研究，它指出生态系统的存续并不取决于它们在面临变化时保持稳定的能力，而是取决于面临环境条件变化时在不同状态之间切换的能力。恢复力指的是"对系统保持存续以及吸收变化和干扰，并保持物种或状态变量之间原有关系的能力"（Holling，1973）。这个定义的含义是，在遭受冲击之后各种关系可能继续保持原状，但是维持这些关系的系统可能已然不同。

恢复力这个概念在生态治理领域的影响力越来越大，对那些必须让社会适应各种完全无法预测的变化的政策制定者颇具吸引力。信奉恢复力的人士对现行环境政策的缺点心知肚明,于是巧妙地把恢复力和适应性治理定位成一种实现可持续发展的方式,而不是独立于可持续发展之外或与之不相容的理论。恢复力挑战了诸多被奉为圭臬的关于社会治理的假设。例如,在某种条件下高度发育的系统,它的效率可能很高,但适应变化的能力可能很差,因此难以恢复。本章将介绍恢复力和适应性治理的基本原则,解释如何将它们应用到社会—生态系统,并分析它们作为环境治理模式的优势和不足。

恢复力和适应周期

恢复力概念之父、美国生态学家霍林(C. S. "Buzz" Holling,1973)把恢复力定义为有别于传统稳定概念的系统存续,并对工程恢复力和生态恢复力做了重要的区分。

工程恢复力(engineering resilience)是最大限度地提升系统抵御干扰以及最快速度恢复原始状态的能力。这种恢复力可以提高效率,可控性强,适合潜在干扰或压力水平可以预测的、不确定性较低的系统。设计吊索桥的时候选择可以承受较大压力的材料,用弹性抵御强风,就是工程恢复力的一个例子。

生态恢复力(ecological resilience)则是持久、有适应力、可变化和不可预测的。这种形式的恢复力提升的是"系统在经历变化时吸收干扰和重新组织,从而基本上保持原有功能、结构、身份和反馈机制的能力"(Walker et al.,2004:5)。一个具有恢复力的系统,在遇到干扰的时候会做出调整,找到可以继续发挥其核心功能的新状态。生态恢复力衡量的是让系统无法发挥其核心功能所需的干扰大小。例如,海岸管理越来越多使用有意退让的方法,也就是给海水的进退留出一定面积的土地,而不是像过去那样修筑防洪设施,这就是使用生态修复力而不是工程恢复力的一个例子(Vis et al.,2003)。

霍林(1973)指出,存续能力强的自然系统不以稳定本身为特征,而是具有强大的恢复力,他还用加拿大东部的云杉和冷杉林偶发的食心虫暴发做了例证。食心虫有很多自然天敌,平时极其罕见,但是偶尔会暴发,毁坏成年的冷杉树,留下云杉、白桦树以及大量的再生冷杉和云杉。在两次暴发的间隔期,冷杉生长迅速,对云杉和白桦形成压制,挤压后者的生存空间,从而形成冷杉占主导的森林。如果经历连年干旱,食心虫就会摆脱天敌的控制,数量剧增,从而引发虫害,直到它们毁坏的冷杉众多,导致食物来源减少,食心虫的数量就会锐减,进而恢复到原来的正常水平。

就像霍林指出的那样,如果不是食心虫灾间或暴发对冷杉的生长予以控制,云杉和桦树有可能会绝种。因此,以食心虫灾暴发的形式表现出来的周期性变化,对于维持食心虫及其天敌以及森林树种多样性起着至关重要的作用。从 300 多年的食心虫灾历史来看,表面上的不稳定性对于维持物种的延续和系统的存续能力必不可少。霍林因此提出,把短期内看起来高度不稳定的系统,或者从长期来看有众多变量的稳定系统,描述成一个恢复力强的系统是更加确切的。这个系统有能力对干扰做出适应,从而保持种群数量之间的关键关系(或系统功能)。淡水湖也有类似的现象,随着肥料或废水的进入,水体内的营养含量增加(富营养化过程),藻类迅速生长,清澈的水体变得混浊。尽管清澈的水体可以发挥更多生态功能,但是清浊两种状态构成了一个从长期来看更有恢复力的系统(Carpenter,2001)。

图 8.1 用一个球描绘了这个动态稳定模型,其中低谷代表稳定域,小球代表系统,箭头代表干扰。只要球停留在某一个低谷,它反映的就是工程类型的恢复力,它的行为就可以用干扰的大小与小球在低谷复归静止所花时间之间的简单线性关系予以描述。生态恢复力可以用供小球复归静止的低谷宽度来衡量,它代表的是系统功能大致相同的一系列位置。

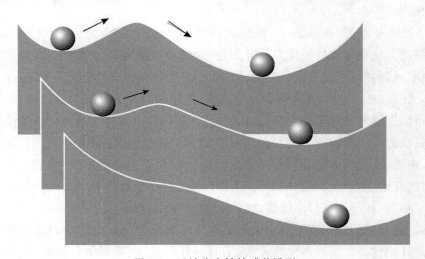

图 8.1 系统稳定性的球谷模型

资料来源:改编自 Gunderson,2000:427。

低谷被称为"吸引域",因为系统一旦进入一个新域,它就会被吸引到另一个静止点。在图中,两个低谷之间的脊梁高度表示的是推动系统进入另一个吸引域所需要的力。随着环境和社会条件的改变,域的形状也会相应发生改变(例如,图 8.1 中的低谷可能代表着同一个系统在不同时间的变化情况)。借用混沌理论,恢复力强调的是系统在同一个吸引域内占据多个稳定状态的能力。

霍林指出(1973:15),"虽然以均衡为中心的观点从分析的角度看更容易把控,但它不是在任何时候都可以很好地解释系统的行为"。换句话说,稳定和均衡符合人们在思考自然系统时的直觉,但只要稍稍透过表象就会发现它有些不真实(Deneven,1992)。古气候学家的研究表明,当气候快速进入新吸引域时,稳定期和线性变化就会被引爆点打断(在关键争论 8.1 中讨论)。

把工程恢复力应用于生态系统会导致生态学家所称的"资源管理病态"(Gunderson et al.,1995):当环境管理者试图把系统维持在某一个状态,阻止其进入另一个状态,就会发生这样的事情。霍林指出(1973:15),"如果把这种观点作为人类管理行为的唯一指南(原文如此),得到的行为和结果只会适得其反"。他以生物多样性为例,用实例说明了环境稳定性并不必然导致生物多样性,证明在某些系统当中不稳定性反而导致物种更加多样化,从而导致"更强的恢复力"(1973:19)。霍林还在文章当中对定量数据和定性数据做了区分,前者更适合于衡量工程恢复力,后者更适合于衡量生态恢复力。数字适合以工程恢复力为特征的线性系统,但是如果用于探测或描述系统在引爆点发生的变化,它们就会捉襟见肘。结果是,"我们对自然系统的传统认识,与其说反映了现实,还不如说发挥了自己的感性"(1973:1)。

恢复力观念把生态系统当成复杂的适应性系统,把它们的恢复力定义为适应变化的能力(Levin,1998)。图 8.2 表示的是适应周期,它可以分为四个阶段(r、K、Ω、α),描述的是系统适应外来冲击的过程(Redman & Kinzig,2003)。在 r 阶段,系统在稳定条件下不断壮大,资本或资源不断积聚(表现在 y 轴上),同时依存度不断提高(表现在 x 轴上)。到了 K 阶段,系统已经非常适应它的外部环境,它的大部分资本也已在系统当中集聚(可能以生物质的形式)。到了 Ω 阶段,这种资本就会释放出来,释放的契机是系统遭到外部或者内部的强力冲击。回到前面讲的事例,这个契机可能就是连续几个夏天炎热导致的食心虫暴发,或者大量营养物质进入湖泊。在 Ω 阶段,随着资本和复杂性双双下降,系统会迅速崩溃。最后是 α 阶段,这个阶段的特征是重组和成长,此时系统已经适应新的外部环境条件和变化。系统周期性遭遇冲击,就会不断重复这个适应周期,但是它在整个吸引域当中重新成长的模式总是会有细微的差异。

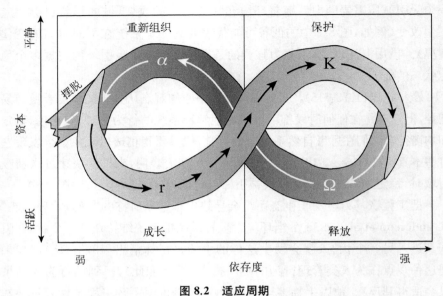

图 8.2　适应周期

资料来源：改编自 Gunderson & Holling, 2002。

关键争论 8.1

引 爆 点

　　人类生活与生产活动的碳排放,导致大气当中温室气体的浓度上升,二氧化碳当量的浓度从工业革命前的 280 ppm 攀升到如今的 390 ppm。就算我们明天就彻底停止排放,全球气候也会继续变暖,到 2050 年的时候再升高至少 0.5 摄氏度。气候变暖会对水分循环、生态系统、泥沙循环以及依赖这些自然系统的人类社会产生影响。多余的二氧化碳约 90% 会被海洋吸收,但是时间长达 1 000 年,这是海洋表面的水和深层水交换一次需要的时间。其余的 10% 最终会被地质循环消化,也就是大气当中的二氧化碳形成酸雨落至地面,与长石和石英等形成碳酸盐,随雨水冲刷进入海洋。最后这个阶段可能要 10 万年才能完成(Weisman, 2007)。就像众所周知的涟漪效应,人类行为所产生的后果,影响宽广而深远。

　　不幸的是,气候变化不是一道有完美答案的数学题,而是一个高度复杂的动态系统(Auld et al.，2007)。即使我们最终把大气当中的二氧化碳含量降低到原初的水平，全球大气—海洋系统也未必会安安静静地回归最初的均衡点。科学家们在系统当中发现了许多所谓的"引爆点"(tipping point)，也就是快速发生不可逆变化的时点(Lenton et al.，2008)。冰舌的融化是气候学里的经典事例。冰是白色的，反射率高，会把大量太阳光从地球表面反射到太空当中，随着冰舌融化，地表颜色越来越深，于是吸收的太阳辐射热量就越来越多，导致冰的融化速度越来越快。这种被称为"正向反馈"的失控效应，会导致系统进入一个完全不同的状态，在这个事例当中就是气候显著变暖，冰雪融净，海平面比现在上升约 80 米(United States Geological Survey，2007)。

回到图 8.1，球越过脊梁，降落到另一个低谷，进入一个完全不同的状态，就是引爆点发生的时候。它代表气候变化当中极其危险的一种情况，因为变化迅速、力度极大、不可逆转(至少以人类的时间跨度如此)，而且在哪个时点发生基本无法预知。由于引爆点代表着非线性变化，因此难以预测，难以做好准备去应对。帕尔-沃斯特(Pahl-Wostl，2007：51)在谈论水安全时指出："由于气候变化具有不确定性，因此基于从历史记录当中获取的经验，提高我们对发生极端事件的概率的了解，对我们掌握未来发生极端事件的概率没有多少帮助。"将全球气温升高限定在 2℃的一个主要缘由，是一旦越过这个门槛之后，触发重大引爆点的概率就会增大。

社会—生态系统

通过社会—生态系统(SES)这个概念，生态恢复力思想被扩展到用于研究环境问题。雷德曼等人(Redman et al.，2004：163)把社会—生态系统定义为"生物物理和社会因素组成的连贯系统，这些因素经常以富有恢复力和持久的方式相互作用……并且不断适应"。伯克斯等人(Berkes et al.，2001)强调社会与生态系统之间的联结，指出过去的研究要不是忽视了其中一个组成部分，就是把它当成了黑箱对待。他们声称，社会过程受人的主观因素影响，因此传统的生态系统概念不足以用于描述它们的复杂性，但还是可以将系统这个大概念扩充到覆盖社会过程。虽然恢复力在社会和生态情境下的含义略有不同（Adger，2000），但是社会—生态系统观认为这两种系统都表现出富有恢复力，都很复杂，并通过反馈机制联系在一起。图 8.3 就是把社会—生态系统描绘成通过生态系统反馈和管理行为联系起来的两个嵌套系统。

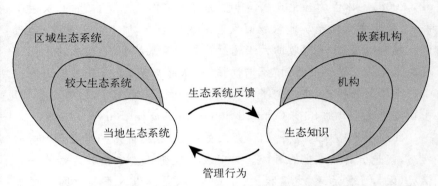

图 8.3　用于分析社会—生态系统的一个概念性框架
资料来源：改编自 Berkes et al.，2003。

　　伯克斯等人（Berkes et al.，2001）指出社会—生态系统的四个维度：生态系统、对当地的了解、人员和技术、产权制度。在图 8.3 中可以看出，对当地生态系统的了解对于社会—生态系统的运行来说至关重要，必须有机构去了解这些知识并且转化成管理行为。舍弗等人（Scheffer et al.，2002）也指出了恢复力强的、可持续的人与自然交互的四个重要组成部分：对生态系统动力学的明确理解，对社会动力学的明确理解，避免利益相关者的偏见，连通纵横方向缝隙的社会网络。对生态和社会动力学的关注，使得各种机构可以对不断变化的条件做出适应，并且理解不同决策对于社会—生态系统的影响。舍弗确定的后两个组成部分（利益相关者偏见和社会网络），显然与网络治理模式的原理相互呼应，主张在不同利益相关者之间的紧密社会关系网络之上取得共识的决策模式。

　　伯克斯等人（Berkes et al.，2003）大量借鉴公共池塘资源理论（见第三章），提出社会系统包括治理、产权、资源获取（包括获取的知识、观点和伦理），而社区恢复力要求具有多样性、知识和自我组织。伯克斯（Berkes，2004：628）提出：

　　　　社区……不是简单、独立的主体。它们嵌套在更大的系统里，并对压力和刺激做出反应。我们更应该重新思考基于社区的保护,把它看成发生在最基层但又涉及跨层级关系的简易版环境治理和保护。对于最基层的保护行为,我们需要对人、社区、机构以及它们在不同层级上的相互关系有更加深入的了解。

社会—生态系统使用多层级反馈回路把物理和社会系统联系起来。一个很好的范例就是土地利用的变化,它对生态模式和过程造成影响,后者又向社会系统输出反馈,推动土地利用进一步发生变化。例如,城市公共绿地的增加可能会损害生物多样性,加重洪涝灾害。如果是一个富有恢复力的社会—生态系统,生态系统这些变化就会被各种机构有效知晓,进而反馈到决策过程当中,改变在城区内增加公共绿地面积的管理行为,或者为全城必须保留的公共绿地设定临界水平。

适应性治理

适应性治理关注的是通过提高社会—生态系统的适应能力,提高它们的恢复力。社会—生态系统的恢复力与以下因素相关:系统保持在某个给定吸引域内可以吸收的冲击力大小,系统可以自我组织的程度,系统可以建立起来学习和自我改变的能力(Folke et al.,2002:438)。对治理而言,问题是一个社会—生态系统的哪些特点可以在某个吸引域内创造最大的稳定状态集,而不是哪些特点可以让它抵御干扰并回复原状。

提高社会—生态系统发挥理想功能的能力,至少需要三个层面的知识:生态系统动力学、生态系统的管理(包括知识的产生和使用)和机构动力学(包括治理和学习)(Elmqvist,2008)。案例研究 8.1 讨论了这些因素在实践当中存在的差别。

案例研究 8.1

佛罗里达湿地和大峡谷的适应性治理

福尔克等人(Folke et al.,2002)对佛罗里达湿地和大峡谷的案例研究做了对比,试图找出适应性治理的关键条件。它们都是复杂的社会——生态系统,各自的生态功能也曾发生恶化,但是它们在机构组成方面差异巨大。湿地的治理结构主要由环保主义者和农业游说团体的利益占主导,这两个群体在是否以牺牲农业生产力为代价保护动物栖息地这个问题上过去是存在冲突的。这种紧张关系导致他们无法合作,结果就是在生态系统和社会系统之间很少有机构层面的反馈,于是社会——生态系统无法创新和适应(图8.2描绘的重新组织和成长 α 阶段)。

相反,大峡谷的利益相关者组成了一个具有适应性的工作群体,他们借助有规划的管理干预和监测了解生态系统当中发生哪些变化,并寻找管理这些变化的最佳方法。这样的治理安排让组织学习(institutional learning)成为可能,并且成功实现重新组织和适应。随着非政府组织、科学家和社区在管理生态系统上面开展协作,这样的组织学习方式变得更加普遍。在适应性治理当中,第五章讨论过的社会网络分析得到了广泛使用,以理解社会——生态系统当中不同利益相关者之间的关系。借助治理分析5.1一节讨论的方法,可以从社会——生态系统的连通性和中心性水平推断出关乎恢复力的许多特点(Janssen et al., 2006)。

适应性治理在承认创新和学习对于管理变化的重要性这个前提下,主张采取试验方法。霍林(Holling, 2004)自己就呼吁创造各种条件,推动开展众多低成本的创新性治理试验。同样,伯克斯等人(Berkes, 2003:433-434)指出:

> 适应性治理因此把政策视为假设——因为大多数政策实际上是伪装成答案的问题。由于政策是问题,于是管理行为就变成了试验意义上的"处理"。适应性管理过程包括发现不确定性、提出假设并围绕一系列理想结果对假设做出评估,以及构建各种行动对这些想法进行评估或"检验"。

适应性治理包括创建有能力试验各种解决方案并从中学习,从而做出适应和改变的机构。

冈德森(Gunderson, 1999)指出实现这种适应性治理的三个障碍:顽固的社会系统、缺少恢复力的生态系统和与设计试验相关的技术挑战。帕尔-沃斯特(Pahl-Wostl，2007)在研究社会学习和适应性治理对于水资源管理的意义时，直接讨论了机构必须如何做出改变以应对这些挑战。在她看来，适应性治理是一种主动管理的方式，它试图提高改变系统结构的能力，而不仅仅是对变化做出反应。就水资源而言，这可能意味着改变该地区种植的作物种类、水资源消耗者的生活方式或者不同用户所获水资源配额的能力，而不是简单地建造更多水库。

　　一个有适应力的机构必须有能力收集新信息，然后处理这些信息，并做出相应的改变。表 8.1 对传统的命令与控制型治理模式和适应性治理做了对比。适应性治理要求各个机构以明显不同的方式开展工作，吸引各种利益相关者参与，在不同的领域以不同的规模运行。人们过去以高度私有化的方式对待信息，也就是拥有数据的机构牢牢掌握着这些数据。相反，适应性治理建立在公开共享的模式之上，不同机构把各自掌握的信息汇聚到一起，意在填补知识缺口和促进整合。传统的资源管理监测少数环境变量，适应性治理关注的变量要多得多，后者可能包括社会网络的沟通质量，或者某个被选去协助开展试验的机构是否合适，以及生态变量等。

　　与本书最后一章讨论的转型管理形成呼应，适应性治理也意味着更加分散化的结构，更加多元。同样，适应性治理还寻求多种多样的融资方式，如第六章介绍过的公私合作和市场机制。资源治理转变为适应性模式需要机构的运行方式做出重大改变，有诸多因素导致人们不愿意做出改变，其中包括高昂的信息收集和监测成本，对收集全新类型信息的陌生，管理者因为害怕透明度提高从而失去控制所产生的抗拒，以及失败的政治风险等(Pahl-Wostl，2007)。尽管存在这些非常切实的问题，适应性资源管理的各项原则还是在变得越来越富有影响力。

表 8.1　命令与控制型治理和适应性治理对比

	命令与控制型治理	适应性治理
管理范式	基于工程方法的预测与控制	基于复杂系统方法的学习与自我组织
治理	集中化、层级制、利益相关者小范围参与	多中心、水平化、利益相关者网络化参与
多领域整合	各领域单独分析，导致政策冲突以及慢性问题发生	跨领域分析发现潜在问题，整合政策执行

	命 令 与 控 制 型 治 理	适 应 性 治 理
分析和运行层面	仅在河流的子流域层面进行分析和管理,导致跨界问题发生	通过多层面的分析和管理解决跨界的问题
信息管理	由于信息专有,无法整合,存在知识差异,导致理解片面	公开共享信息来源,消除差异和促进整合,导致理解全面
环境因素	容易衡量的可量化变量	生态系统的完整状态和完全功能的定性和定量指标
基础设施	大规模、集中化的基础设施,设计和电力传输来源单一	规模适中、分散化的基础设施,设计和电力传输来源多样
财务与风险	财务资源集中于结构性保护(沉没成本)	使用多种私有和公共财务手段实现财务资源的多样化

资料来源:改编自 Pahl-Worst,2007:55。

恢复力与适应的政治

恢复力这个概念在环境政策领域的影响迅速扩大。由于有望指导人们找到一条适应环境条件变化以及应对极端和不确定情况的道路,它对政策制定者的吸引力是相当显而易见的(Evans,2011)。但是,把生态学的理论应用到社会领域也不是没有问题。就连霍林自己也声称,以恢复力这个概念产生的生态学基础而言,其他学科对这个概念接受之快,让他跟其他任何人一样感到吃惊。最初,霍林的想法就算在生态学领域也会受到一定程度的质疑。这里并不是要重新挑起争论,但值得注意的是,恢复力并不是对所有生态系统都适用。其他社会和政治学科对恢复力这样一个科学术语的接受,可能反映了人们为环境治理寻求科学证据的愿望,毕竟环境治理本质上是一个政治问题。恢复力这个概念的最善辩的拥护者们,无疑是借用生态科学的权威推动这个词成为政策方面的一个话语。

此外,恢复力思维的确可以指引人们在不确定变化的情况下做出适应。这种适应性范式把社会和生态系统作为一个整体对待,同时承认它们在本质上具有不可预测性。在不确定条件下,系统不是"可知的",只是"变化的",因此观察者本身也构成系统的一部分。寻找普适知识被转变为寻找普遍有效的指导原则、元原则和框架,用于指导通过试验获得可持续性和恢复力。适应性治理对过程如此重视,更好地反映了治理的本质,但是它对变化的接受(以及恢复力这个适应性治理的基础概念)招来了政治批评,这在治理分析 8.1 中予以讨论。

治理分析 8.1

恢复力的政治经济学

恢复力这个概念隐含地接受了自由市场经济学的诸多原则。适应周期认为危机是自然发生和不可避免的,这就制造了一种偏右翼的、只关心自己利益的话语,让个人(社区或城市)在危机来临时为自己辩护(Evans et al.,2009;Walker,2009)。正如伯克斯等人(Berkes et al.,2003:3)在谈到社会生态系统方法时所言,"我们认为变化以及变化的冲击是普遍存在的"。恢复力这个概念不仅将危机和变化视为正常情况,而且把适应性学习的逻辑等同于资本主义的发展和持续的变化,从而让那些有足够多经济和智力资本、最适合开展试验和学习的人得到特权。卡尔代拉和霍尔斯顿(Caldeira & Holston,2005:411)所称的"民主和新自由主义计划之间的复杂关系"建立在对偶发事件和不确定性的共同接受之上,而恢复力显然又强化了这种关系。当然这里存在一种令人啼笑皆非的情况,那就是恢复力公开认为资本主义及其对效率的追求会损害适应能力。

这种偏见形成的部分原因在于恢复力概念得以建立的制度背景。斯德哥尔摩比耶研究院(Beijer Institute)的"恢复力联盟"的目标是建立一个由著名环境科学家组成的研究恢复力的国际网络,它把这个目标完美地融进了一个旨在推动恢复力成为首要决策因素的浩大行动之中。该研究院成立于 1977 年,后于 1991 年重组,以生态经济学为研究重点。正如沃尔克(Walker,2009)指出的,恢复力研究院的生态学家与新自由主义经济学家密切合作,发展了他们关于社会生态系统和恢复力的研究。

把生态学里关于变化和适应的思想直接应用到社会系统是很有吸引力的,因为它为管理社会过程和做出决策提供了科学依据,但是生态恢复力的立论基础不是在社会情境下发展起来的,因此不应该不加怀疑地应用到社会领域中去。相反,我们在社会——生态系统恢复力的相关论述当中发现的,大多是关于苏联解体,或者电话技术的推广应用,以及商业创新和衰亡周期的典故(Perrings,1998)。

正如可持续性发展没有告诉我们哪些东西应当保持可持续性,恢复力也没有告诉我们哪些东西应当具有恢复力,因此不能盲目地把恢复力推崇为我们追求的目标。例如,对环境造成污染的一个化工厂,借助一定的组织管理,可以具有很强的恢复力,但是这并不能让它变成一个值得保留的事物。话又说回来,恢复力的研究人士也非常清楚这个问题。伯克斯等人(Berkes et al.,2001:131)曾着重指出,在进行任何形式的恢复力规划之初,就必须思考社会想要往哪个方向发展,霍林也提出适应周期需要有一定的政治参与,以便确定我们需要建立的是怎样的社会—生态系统。冈德森和霍林(Gunderson & Holling,2002:32)也有过类似的论述:"理论的目的……不是要解释现状,而是要让人们对可能的情况有所了解。"

最后,社会需要做出一些关乎人们理想生活方式的转变,其中有一些高度政治化的方面,而恢复力关注的是在环境变化与政治决策以及仍由专家主导的试验性治理模式之间建立技术性的反馈回路,因此可能对这些方面进行去政治化(Evans,2011)。公民社会和当地社区在适应性治理当中扮演着重要角色,因为他们掌握着关于生态系统的知识,可以把社会和生态系统联结在一起,但是就像治理普遍招致的批评那样,这种从下而上的方法可能无法促成治理所需要的广泛的社会转变(Anderson,2007)。

结语

由于传统的生态学大厦建立的基石是均衡这一概念,也就是健康的生态系统与周边环境保持平衡,因此提出稳定性可能不是环境治理的合理基础是相当富有革命性的。试图"保护"自然系统,将其维持在某一个特定的状态,实际上可能违背生态过程,只会削弱而不是保护这个系统。于是,恢复力以及与之密切关联的适应性学习概念,代表着一种拥抱不确定性的环境治理模式。这使得恢复力在环境领域备受关注,并在政治领域的影响越来越大。

表8.2对适应性治理的优点和缺点做了总结。它的主要吸引力在于它把社会和环境都视为一个大系统的一部分,并且强调了它们适应变化的能力。然而,对于较小范围内的资源使用问题,明确社会—生态系统相对容易,但是如果面对的是气候变化这样的全球性问题,这种方法就有点捉襟见肘。正如前一节所讨论的,强调变化是一种常态也招致了批评,有部分人认为适应性治理过于被动,对那些不好的和本可避免的变化也只是一味接

受。按照适应性治理的想法,在一个层面上获得的关于某些过程的知识,不能直接上升到更高层级,或者整合到一起之后用于更大范围去理解这个过程。

表 8.2 适应性治理的优缺点

优 点	缺 点
对环境问题的整体理解	难以识别与某些环境问题相关的分散的社会——生态系统
适应改变的能力	对改变的被动接受
嵌套式机构	难以从局部特殊性扩展到更大范围
对经验和学习的强调	在现实世界中试验的实际困难
将机构与生态系统知识连接起来	将决策过程简化为技术反馈过程

适应性治理通过试验和学习对变化做出创新的应对,但也激发出一系列关于如何劝说厌恶风险的管理者和决策者采纳更具探索性的操作方法的现实问题。关键的挑战在于设计出合适的机构和决策流程,提升社会——生态系统活动与生态系统之间的反馈,以适应环境变化。试验和学习需要付出成本,而做各种不同的事情总是比开展单一的应对行动代价更加高昂,同时监测和评估对于学习也至关重要。同样,对监测社会与生态系统之间反馈的关注,还有可能减少关于未来发展方向的政治问题——社会在转变为以技术专家主导的公共参与流程时向哪个方向努力。

综上所述,把恢复力看成一个有瑕疵的、对社会系统鲜有影响的生态模型为时尚早。在不断变化的环境和政治情境下做出决策的必要性,让它在应对某个系列的治理挑战时拥有毋庸置疑的价值。全球经济增长如今建立在全球日益一体化的基础之上,它被证明在防止局部战争升级为世界大战方面具有强大的恢复力,但它在面对经济和环境冲击时显得越来越脆弱。"是什么的,服务于什么的"恢复力成为一个关键问题,这是下一章要讨论的议题。

- 思 考 问 题 -

● 适应性治理是否只在小规模事务上可行? 请讨论。

● 适应性治理是否只是包括生态变量在内的一种网络治理形式?

--------------------------- **重要阅读材料** ---------------------------

- Armitage, D. (2010) *Adaptive Capacity and Environmental Governance*, Berlin: Springer.
- Folke, C., Carpenter, S., Elmqvist, T., Gunderson, L., Holling, C. and Walker, B. (2002) "Resilience and sustainable development: building adaptive capacity in a world of transformations," *Ambio*, 31: 437–40.
- Holling, C. (1973) "Resilience and stability of ecological systems," *Annual Review of Ecology and Systematics*, 4: 1–24.

第九章 参与和政治

学完本章之后你应该可以：

- 理解风险这一概念和预防原则；
- 讲出环境决策的基本前提和参与实践；
- 阐述对参与和治理的后政治批评；
- 理解主流政治渠道以外的行动是如何影响环境治理的。

概述

> 民主不是一场旁观者的游戏。

（洛特·沙夫曼，1928—1970）

让公众参与环境治理符合大家的直觉，因为许多环境决策，小到某个地方的风力发电机选址，大到在全国范围内征收燃油税，都会对公众造成直接影响。此外，当地民众对生于斯长于斯的家园不仅非常了解，而且怀有深深的感情，这让他们成为实现可持续发展的不可缺少的伙伴。

虽然治理就是要把更多的群体吸纳进来，但它主要还是关乎流程，或者关于事情应当如何开展，而不是关于应当做什么事情。例如，一个强大的网络本身并不见得是件好事，而是取决于这个网络的目的是什么。正如班纳吉（Banerjee，2008）指出的，恐怖团体基地组织是一个极其强大的网络，社会资本丰富，组织流程非常高效。媒体大亨克雷·舍基（Clay Shirky）讲过一个关于苏丹政府的故事，他们通过脸书（Facebook）组织反政府抗议，然后把前来参与的所有人全部拘捕（Burkeman，2011）。因此，网络本身并不必然是进步的或者可持续的。

市场也是如此。苏格兰政治经济学家、新自由主义的鼻祖亚当·斯密在撰写他的巨著《国富论》之前,写过一本名气没那么大的书《道德经济学》(*The Moral Economy*),提出过只有在一个已经普遍形成强大的基本价值观的社会里,市场才能有效发挥作用的观点。网络和市场可以用来指引社会,但是它们没有告诉我们应该朝着哪个方向指引。同样,转型管理和适应性治理都需要民众的参与,以便设定他们的变革议程(Gunderson & Holling, 2002; Walker et al., 2002)。从这个意义上讲,参与不同于另外四种治理模式,它提供了关于向哪个方向指引社会的实质性观点,用于指导针对如何指引社会的纯程序性关切。社会和政治价值观是元治理的重要组成部分,在强调制度和规则时容易被忽视。仿照一句古老的格言,没有民众参与的环境治理,就好像一辆永远准时,但是从不靠站的公共汽车。

本章首先探讨的是风险社会这个命题,它提出我们如今面临的许多环境问题实际上是现代发展所导致的。这些风险意味着民众等非专家群体对环境治理的参与,对于指引社会向理想的方向发展是必要的。其次,本章探讨治理者如何通过正式的公众参与方法,吸引不同公众群体参与进来。尽管让当地民众参与治理的理由有很多,但正式的参与模式还是因为没有对决策形成显著的影响招致相当多的批评。本章最后分析的是,发生在正式的政治渠道之外的行动是如何影响环境治理的。

风险

关于现代发展如何对社会造成影响,德国社会学家乌尔里希·贝克(Ulrich Beck)做过非常深入的研究。他指出,风险不仅困扰着现代社会,而且是现代社会的标志。在贝克看来,工业社会关心的是产品和服务等劳动成果的分配,但在20世纪后半叶的某个时间点,进步和技术的副作用超过了它们带来的积极影响。决策开始向技术和经济收益倾斜,把各种危害当成"只不过是进步的阴暗面"全盘接受(Beck, 1992a: 8)。实际上,这些危害不是命运施加的意外打击,不是因为运气不好或者某个神灵的旨意,而是政策和经济决策造成的直接后果。公司影响力的全球化,加上科技的力量和技术专家在决策过程中的支配性地位与日俱增,导致各种事件接踵而至。有毒食品、核战阴云或切尔诺贝利灾难、全球变暖,如此等等,都是经济增长带来的糟糕的副产品。在贝克所称的"风险社会"中,社会治理者面临的关键问题成为谁应该忍受"糟糕",而不是如何分配"美好"①。

现代社会的风险表现出三个特征,使之区别于工业化前的危害。第一,风险在地理上不再局限于当地,因此决策的负面影响会波及遥远的地方。第二,灾难的潜在影响主要是假设的。第三,灾难一旦发生,通常无法给受害者补偿。气候变化是一个很好的示例,它清楚地揭示了什么是难以察觉、难以量化甚至更难做出补偿的灾难。气候变化对大气中二氧化碳浓度的影响是人类无法直接感知到的,由于气温升高导致的灾难未必会影响那些本应对气候变暖负责的地区,而且影响可能会持续数代人之久。与全球气候变暖相关的风险总体上无法确切计算,它们的影响可能微乎其微,也有可能导致地球上的生命完全灭绝。

把风险的这些特点放在一起来看,很显然人们过去用来抵御风险的机制,如根据事件发生概率的保险和赔付,根本就不可能取得让人满意的效果。正如让-皮埃尔·迪皮伊(Jean-Pierre Dupuy, 2007)质问的那样,由于会对那些生活与工作在附近的人产生的可怕后果,有谁真的敢说在 50 年内发生切尔诺贝利式核反应堆熔毁事故的概率在 0.6% 是可以接受的?用贝克的话来说,现代风险已经变成不可予以保险。

对此,治理者们建立了一套应对机制降低这些风险,如预防原则。基督教学者圣托马斯·阿奎纳(Saint Thomas Aquinas)在 900 多年前写道:"盲马宜慢行。"这就是预防原则后面的行为准则,也就是主张社会在面对未知的风险时宜谨慎向前。现在的预防原则这一概念是从德文概念 Vorsorgeprinzip 演化而来,它强调在经济发展与维持和提高环境质量之间保持平衡。在实践中,谨慎行事意味着在找到科学的因果关系之前三思而后行,为人们的无知留出生态空间,并且在管理上倍加小心,特别是通过让民众参与进来。预防原则几乎是所有多边环境协定的基础。例如,《里约宣言》写道:

> 为了保护环境,各国应当根据各自的能力广泛采用预防的方法。如果存在造成不可逆转的破坏的可能性,就不能用科学上尚无定论作为理由,推迟采取富有成本效率的方法,以防止环境变差。

举一个具体的例子,关于臭氧损耗,《蒙特利尔议定书》这样写道:"虽然

---

① 原文用"goods"一词,一语双关,既表示商品,又表示经济发展带来的好处。——译者注

清楚采取的措施应当建立在相关科学知识之上,但是成员国决心采取预防性措施控制臭氧损耗物质的全球排放总当量,以保护臭氧层。"

不是所有人都赞同贝克的看法。虽然措辞非常相似,但是英国社会学家安东尼·吉登斯(Anthony Giddens,2002)开出的药方要乐观得多。他认为,虽然风险必须认真考虑,但风险承担能力是任何一个富有活力和具有创新能力的社会不可分割的组成部分,不能弃之不用。美国政治学学者亚伦·威尔达夫斯基(Douglas & Wildavsky,1982)指出,以预防性的方法对待新技术是不理性的,因为那样会妨碍获得判断什么安全和什么不安全所需要的知识。(这个观点不禁让人想起一个关于快乐的佛教故事。有人去见法师,求教快乐的秘诀。法师回答说:"正确的判断。"来人恳切地问:"那我要怎样才能做出正确的判断?"法师回答说:"错误的判断。")

威尔达夫斯基还认为环境灾难的负面影响往往没有人们想象的那么严重,而且新技术给生活水平带去的提高会远远超过这种影响。在他看来,强调新技术的风险不仅毫无帮助,因为收益通常会超过成本,而且很有讽刺意味,因为只有已经受益于技术进步的富裕社会有担心环境风险的本钱。就像转型管理和适应性治理主张开展试验,他也主张试错,通过检验大量不同的方案,提高社会应对各种意外的能力,而不是从一开始就试图防止事故发生。在气候变化被人们广泛视作一个威胁之前,威尔达夫斯基的这个观点是主流看法。不过,他所想的试验通常是小规模的,从未在整个地球的范围内开展过。

不管贝克的风险社会观点是否被全盘接受,它都反映了许多广泛的政治趋势。人们对决策者的信任减弱,认为科学家过去犯了错误,技术带来了不受欢迎的副作用,许多风险的严重性还没有显现出来,还有一些风险的长期影响才刚刚浮出水面。风险还是主观的。在一个人看来是风险的东西,在另外一个人看来可能不是,而且人们对风险的重视程度并不取决于它发生的真实概率:这个趋势还会因为媒体的介入得到强化。贝克(Beck,2007)在他的一篇文章里提出的解决方案是:"带着勇敢面对通常由大众媒体常用手段扩散的政治癔症和恐惧的目的,辩论、预防和学会让人满意地管理风险。"在贝克看来,我们现行的民主体系不再适合这一目的,因为它原本关心的是在全国分配"美好",而不是在全球分担"糟糕"。风险的这些含义意味着需要一些新的机构,它们要能有效地吸引大众参与决策,决定哪些风险是可以接受的,哪些是不能接受的。

参与的原理

鉴于环境问题离不开内在的不确定性，"越来越多的人认识到，政府不能再理所当然地认为只有掌握了相应的知识才能做决策"（Hajer ＆ Wagenaar，2003：10）。斯道林（Stirling，1998：103）强调有必要让公众参与，以使决策者对自己的行为更加负责：

> 无论可以获得的信息有多少，也无论有过多少咨询和思考，单纯的分析过程是替代不了民主政治过程的……没有什么独特的"理性"方法可以弥合相互矛盾的观点或者相互冲突的利益。

正如第一章所讨论的，环境问题会带来严重的政治问题，它们需要决策者在并不完美的解决方案之间做出选择。

让民众广泛参与环境治理，有非常充分的伦理、实践和实质性理由。从伦理上讲，民众应该有能力参与对他们造成影响的决策。参与决策会扩展民主的逻辑，这里的民主基础就是让民众参与选择他们自己的治理方式。社区和民众有权按照自己的意愿创建居住地和社会，而不是简单地把环境问题看成外来的威胁（Irwin，1995）。从实践上看，让民众参与决策是为决策获得合法性的最有效途径。社区和公众的参与可以减少人们因为利益不同而发生的冲突。正如沃尔克等人（Walker et al.，2002：14）所说，"专家提出的解决方案有可能获得最好的成果，但是它们很少获得最大的合法性"。

最后，社区和民众参与可以提高决策的质量，从而富有工具价值。只认可专家的知识才是决策的有效基础，就是排斥在这个生态系统当中生活和工作的人们的知识和经验（Taylor ＆ Buttel，1992）。由于环境问题在科学上还面临不确定性，因此相对于专家的知识而言，所谓的外行知识对决策者的价值越来越大。正如费希尔（Fischer，2000：22）所言，"参与不仅被视为民主社会的一个标准要求，而且越来越成为一个应对科学不确定性的手段"。正是外行知识的这些特点，让它们成为奥斯特罗姆公共池塘资源管理理论的基础，这已在本书第三章做了讨论。

参与已经成为各种环境政策的一根主线。1987 年布伦特兰的报告《我们共同的未来》将可持续发展确立为人类社会发展的指导纲领，并强调吸纳社会各界参与环境决策的重要性。这一提法在 1992 年地球峰会签署的《里约环境与发展宣言》和《21世纪议程》结成硕果："处理环境问题最好让所有受到影响的民众都参与进来,在合适的层面上……每一个人都应该有合适的方式获得关于环境的信息……以及参与决策过程的机会。"(United Nations,1992)里约峰会提出的口号"全球思维,本地行动"充分体现了本地行动对于处理全球环境问题的力量。公众参与环境决策的原则在1998年联合国欧洲经济委员会(UNECE)发起的《奥胡斯公约》(*Aarhus Convention*)当中得到正式确立(本书第四章已讨论)。该公约要求成员国遵守具有法律约束力的条款,"为公众的早期参与创造条件,只有公开所有备选方案,有效的公众参与才会发生"。

公众参与

参与意味着设计相应的制度和规则,让所有利益相关方都参与决策,从而取得共识,让决策具备合法性。公众参与背后的共识精神根植于尤尔根·哈贝马斯(Jürgen Habermas,1984)的交往理论当中,这种理论本身是对消费主义力量的一种回应,认为消费主义将民众排斥在了塑造其生活的决策之外。公众参与需要与利益相关者商讨一系列正式的环境管理过程,其中包括对环境风险及其影响的评估,以及环境行动和管理优先级的相关决策(Stern & Fineberg,1996)。雷恩等人(Renn et al.,1995:2)则提出,公众参与发生在各种"针对某个特定的决策或问题,以促进政府、民众、利益相关者、利益团体和企业之间的沟通为目的组织的讨论会"。参与有助于构建环境决策,如判断哪些类型的影响对于社区而言最重要;它还有助于确定什么样的分析单元是最合适的,以及用什么样的评估方法去获得这些分析单元。

当然,对于大多数环境决策过程而言,让所有可能受决策影响的人全都参与,是一个极其费力的赫拉克勒斯式任务。利益相关者既可能是个人,也有可能是组织,还通常扮演着不同角色,比如既是居民,又是专家。施密特(Schmitter,2002:62-63)将可能参与决策的行动者分成了七个不同类型:

权利相关者:通常包括每一个公民或公众成员;

空间相关者:由于空间上邻近而受影响的人,如居民;

实物相关者:实际拥有的实物将受到决策影响的行动者;

利益相关者:可能影响决策或可能被决策影响的人;

利害相关者:有愿意参与决策过程的任何行动者,通常代表某个其他团体;

地位相关者:因为负有某种正式的职责,有义务参与决策过程的行动者;

知识相关者：为了让决策具有权威性而请来参与的专业人士和专家。

由于很多参与过程都代价高昂，因此通常相对规模小，难以让所有的利益相关者都参与进来。在碰到新问题时，有时还难以识别利益相关群体都有哪一些，或者难以让过去被边缘化的群体参与进来。我们可以用利益相关者分析这个工具，识别谁应该参与决策过程，以及判断他们应该拥有多大影响力（Grimble & Wellard，1997），并且可以把它当成网络管理工具使用（见第五章的讨论）。利益相关者管理涉及按照他们的力量区分优先顺序，或者反其道而行之，积极吸纳那些通常比较弱势和疏远的利益相关者参与。可以通过咨询关键利益相关者，获得一份利益相关者的完整清单，然后对他们分类，确保参与最终决策过程的名单具有充分的代表性（Prell et al.，2007）。有必要对利益相关者排序，以避免德·比韦罗等人（De Vivero et al.，2008）所称的"参与悖论"，也就是参与的行动者越多，实际上每个行动者做出的贡献越少，因此参与的效率越低。

文献中的一个关键思想是公众参与必须"匹配目的"，或者适合决策过程的目标。它的形式可以多种多样，可以是仅向利益相关者提供已经做出的决策的相关信息，也可以召开持续多日的研讨会，让利益相关者详细审视一个决策及其影响因素。20世纪60年代废除美国医疗制度种族歧视运动的先驱雪莉·阿恩斯坦（Sherry Arnstein）提出"参与阶梯"的经典模式，用于描述不同程度的参与（见图9.1）。

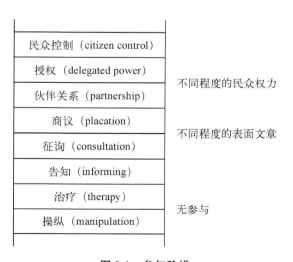

图9.1 参与阶梯

资料来源：改编自 Arnstein，1969。

在阶梯的最底部,公共参与的推动力是信息匮乏模式,认为公众总体上对环境问题是无知的(Irwin,1995)。提高公众的意识和改变公众行为,被简单地当成提供信息,如果公众没有反应就提供"更多科学"和信息,但是这么做并不一定奏效。公众必须信任科学和知识的来源,这是一个与公众信仰以及不同行动者和机构的观点和经验密切相关的事情。

由于这些原因,公众参与变得更加倾向于合作,从简单地把决策告知公众转变为让他们作为合作伙伴参与决策(Fischhoff,1995)。这种变化可以很好地概括为 DAD 和 MUM:DAD 表示的是"Decide—Announce—Defend",即"决定—宣布—捍卫";MUM 表示的是"Meet—Understand—Modify",即"接触—理解—调整"。DAD 模式的治理对不同利益相关者提出的各种知情要求,是允许有空间讨论这些要求,并就已经做出的决策达成某种协议(Rydin,2007)。案例研究 9.1 当中的事例发生在英国汉普郡,它讲述了社区成员如何参与一个垃圾焚烧发电厂选址的过程。

虽然让公众参与决策的理由很充分,但很重要的一点是不要听信公众的知识同专家知识是一样有用的。专家之所以拥有专业知识,是因为他们把毕生精力放在这个专业领域。韦恩(Wynne,1996)建议应当把公众知识用于构想如何向社会介绍和运用专家知识,特别是在当地,但是不应该把它们当成专业知识或者真正科学的程序。这种观点与风险社会观相呼应,后者认为公众应当在确定哪些类型和什么水平的风险是可以接受的过程中有发言权。公众可以质疑做出决策的过程,如贡献可能被专家忽视了的观点,或者提出更富创新性的问题解决办法。

市民科学(civic science)把这个基本原理应用于科学知识本身的产生,包括让公众参与应当允许和禁止科学做什么(如使用人类胚胎开展基因研究),以及新的科学领域存在哪些优先任务、担忧或者关切(如纳米技术)等涉及伦理的决策。市民科学诞生于公众对于应用新技术的大规模抗议,如 20 世纪 90 年代欧洲试图将转基因食品推向市场的时候。这些危机凸显了让公众参与科学知识产生的必要性,以恢复公众对科学的信任,重新将科学用于应对环境问题的复杂性,以及在科学的治理本身当中带入民主的成分(Bäckstrand,2003;Funtowicz & Ravetz,1992)。

案例研究 9.1

垃圾发电厂选址

英国汉普郡在 20 世纪 90 年代早期发生过一次垃圾处理危机,当时该郡的垃圾填埋能力受土壤渗漏的限制,更加严格的监管标准让原有焚烧炉无法独立运行,垃圾数量则越来越多(Petts,1995)。1992 年,原想新修一个垃圾焚烧发电厂的计划因民众抗议而泡汤,这推动了该郡让民众参与决策的过程,花费很长的时间去寻找一个更加容易被大家接受的计划。展出、调查问卷、路演和媒体播出全都用上,用于招揽人员组成三个"社区咨询论坛",每个论坛包括 16～20 名不同背景的居民。

在一个咨询顾问团队的帮助下,每个小组在半年时间内开了六次会,讨论该郡可能采取的各种解决方案,详细阐述他们愿意选择的那个方案。这三个小组收到了大量的信息,并到英国和欧洲其他国家参观了类似的设施,听取了专家的多次陈述,最终达成共识——建设三个规模较小的垃圾焚烧厂。随后选定的施工承包方是一家私营企业,该公司被要求在每个计划修建焚烧厂的地区也采用类似的模式,招募当地社区的居民参与决策过程。同样,这些代表在研讨会上就各种潜在影响,诸如交通、空气质量、健康、生态和视觉影响等事项,向专家提问,因此这些小组对垃圾发电厂的设计施加了直接的影响。

汉普郡这个案例得到研究关注的一个原因是它促进了社会学习,通常被认为是公众参与的关键结果(Petts,2006;Tippett et al.,2005)。社会学习可以被定义为"社会条件发生变化的过程,特别是民众意识的变化,以及个人对自己的利益与其他个体的利益之间关系的认识的变化"(Webler et al.,1995)。这显然是公众参与的一个最重要的方面——社区民众对不同选址的偏好纯粹建立在自己的利益之上(没有人愿意住在垃圾焚烧厂附近,哪怕那是"最佳"选址)。根据布尔等人(Bull et al.,2008)的观点,我们可以从这段经历当中发现社会学习,那就是居民对垃圾问题有了了解,然后把这些知识运用到自己的生活与工作当中去。

公众参与面临的问题

让公众有效参与面临诸多挑战：

不对称。公众参与理论认为所有利益相关者都应当平等参与，但他们在决策当中的利益大小可能不一样或者无法比较。例如，社区民众对不要在邻近区域建设不受欢迎的设施的兴趣，要大于普通大众对这件事的兴趣。受某个决策影响的行动者类型众多，他们的利益都要在同一个参与过程当中得到反映是很有挑战的。

专家偏见。机构和决策者的文化经常会陷入一种思维，那就是只有专家有能力回答政策问题。正如哈里森等人（Harrison et al.，1998）所言，发生环境冲突时外行知识的重要性通常会打折扣。这种偏见可能还会伴随着"保密文化"，也就是关起门来做决策，然后按照 DAD 模式开展沟通。

资源匮乏。公众参与要发挥作用，时间和资金成本都相当高。在许多决策情况下，谁对公众参与负责通常是不明确的。各种组织可能还会认为这是在浪费宝贵的资源，或者缺少正确组织公众参与所需的技能和能力。

虽然公众参与的现实障碍的确存在，但人们的基本假设是只要时间和资源充足，这些障碍是可能克服的。更根本性的一个关切是关乎参与原则的问题。批评人士认为，参与过程关注的通常是那些已经基本确定的决策的普通细节，而不是关心人们想要什么样的未来以及如何达到目的那些更加宏大的问题。在最糟糕的情况下，向公众咨询根本不会产生任何有意义的作用，只会造成让人讨厌的"在方框里打个钩"的效应，也就是组织公众参与只不过是履行一项法律义务而已。这根本不是什么民主的拓展，因此导致一些人把公众参与理解成了它的对立面，这种状况在治理分析 9.1 中做了讨论。

治理分析 9.1

后 政 治

一些理论研究人士指出，现代社会受到了后政治现象的困扰。后政治指的是受决策影响的人被排斥在政治过程之外；决策过程非但没

有更加广开言路,反而只是价值观原本就已相同,期待的结果也相同的行动者达成共识。学者称这种现象为"后政治",意思是对公众参与达成的共识持反对意见者全部被边缘化,被人认为理想化、不切实际或者思想极端,于是他们的言语或行动都得不到认可。(有点讽刺意味的是,作为参与式治理重要基础的哈贝马斯思想,原本就是为了应对消费社会产生的政治疏离提出来的。)贝克(Beck,2000:80)曾经指出,如今的机构和官僚机构就好比"久已死去但仍然盘桓在人们脑海里的僵尸",无法实现真正的政治价值,不过是完成征询和参与的动作而已。

环境领域的可持续发展观念被视为后政治的典型事例。这个共识无人反对,但是实际上破坏环境的生意照旧进行(Swyngedouw,2007)。它只不过是迎合服务领域某些专业人士或者中产环保人士审美的一些进展,对社会公平和政治变革考虑甚少(Agyeman et al.,2003;Krueger & Savage,2007)。

后政治现象之所以出现,一个解释是在资本主义时代政治要从属于经济。人类生活的很大一部分受生产和消费之间的资本主义关系所左右,因此很难用政治去取而代之。在气候变化领域,塞尔维亚哲学家斯拉沃耶·齐泽克(Slavoj Zizek,2008)提出,设想世界的末日比设想资本主义的末日要容易一些。言下之意是,我们只有认真思考资本主义,构想一个不一样的世界,才能真正开始解决环境问题的根源。

政治行动主义和未来发展趋势预测

法国政治哲学家雅克·朗西埃(Jacques Rancière,2007)指出,真正的政治不是发生在国家为其创造的空间里,而是发生在国家体系之外,发生在最主要的争论内容之外。环境领域对这样的政治并不陌生,这里发生了许多抗议大企业或政府行为和政策的社会运动。

个人或团体采取直接行动达到政治、经济或社会目标的生态行动主义,被认为是一些现代环境非政府组织的起源。例如,地球之友(Friends of the Earth)就会针对他们认为对环境不负责任的行为直接发起抗议。现代生态行动主义可以追溯到爱德华·阿贝(Edward Abbey)的著作《蠢猴帮》(*The Monkey Wrench Gang*),该书创造了四名环境斗士的形象,他们针对给美国西南部环境造成破坏的各种现代化发展力量发起抗争,推土机、火车、水坝都在他们的攻击范围之内,他们躲进丛林,开展游击战,躲避警察的追捕。受这本书的启发,有人成立了 Earth First! 这个真实的环保团体,模仿书中主人公,在现实世界里搞起了破坏行动。

这本书让人们得以窥见当时的环保主义(以及环保主义者)远不如今天这样清晰的形象。它的作者阿贝人称"沙漠无政府主义者",书中主人公吃红肉、持枪支、喝啤酒、乱丢垃圾,还开着体型庞大的汽车。他们像阿贝一样猛烈批评自由主义者和保守主义者,攻击印第安人的行为和马鲛鱼俱乐部(Sierra Club)等保护组织的活动。

生态行动人士在攻击敌人、罢工、静坐、劫持机械设备和破坏建筑物的方法上,通常极其富有创造力。例如,英国的气候营(Climate Camp)在行动时会建造临时住所,既为吸引大家的关注,也为方便破坏已经建成或者准备建设的温室气体排放设施。他们曾经在 Kingsnorth 的一个燃煤发电厂新址 Drax、一个已经建成的燃煤发电厂(这是英国温室气体排放量最大的单一设施)以及希思罗机场驻扎过。

传统的直接抗议行动与环境正义运动密切相关,后者被广泛认为诞生于 20 世纪 70 年代的 Love Canal。这是纽约北部的一个社区,曾经是胡克化工公司(Hooker Chemicals)的一个老厂区。在这个社区的学校发生大量的健康问题之后,一位名叫洛伊斯·吉伯斯(Lois Gibbs)的母亲动员社区民众对胡克公司发起诉讼,并且赢得了赔偿,这成为一个里程碑式的事件。洛伊斯·吉伯斯在该社区的行动开启了环境正义运动,她也成为电影《永不妥协》(Erin Brockovitch)中茱莉娅·罗伯茨(Julia Roberts)所扮演的角色的原型。像 Love Canal 这样的厂区,在整个美国有 3 万~5 万个,而且环境正义运动揭示了一个现象,那就是环境污染活动大部分发生在经济欠发达、政治影响力弱的少数族裔社区(Bullard, 1990)。类似的社区抵抗运动在全球其他地方也发生了(Guha & Martinez-Alier, 1997),案例研究 9.2 介绍了发生在发展中国家的一个最广为人知的事例。

案例研究 9.2

奇科·门德斯和割胶工人

奇科·门德斯(Chico Mendes)出生在巴西东北部阿克里地区的一

个橡胶庄园,他子承父业,9 岁就成为一名割胶工(seringueiro),开始在橡胶园里干活。橡胶园里生活艰辛,工人不被允许上学,他们向橡胶园主借钱购买设备,用工钱还债,就这样寄身于橡胶园主。20 世纪 70 年代,巴西军政府开始开垦亚马孙雨林,发展农业和畜牧业,造成亚马孙自然资源的破坏,并导致印第安人和橡胶工人流离失所。阿克里的投机商人把老旧的橡胶工人居所卖给一些大公司,后者将其付之一炬,以达到“清理”森林的目的。世界银行贷款修筑的 BR 364 号高速公路,打通了阿克里州首府里奥布朗库、隆顿尼亚、马托格罗索与巴西其他地区的联系,进一步助长了畜牧业者和伐木者对雨林的垦伐。

1976 年,门德斯发明了一种名叫“empate”的抵抗形式,这是一种集体行动,目的是阻止伐木。一个典型的 empate 由 100～200 人组成,他们会以平和的方式进入伐木工人的营地,劝说他们放下链锯。草根橡胶工人的抵抗最终导致政府开始介入,介入的形式是于 1985 年组建了全国割胶工委员会。在国际环境组织的广泛支持下,该组织提出设立橡胶保护区,让传统的割胶工对一些林区实行保护。这些保护区成为运营良好的企业,找到了一条建立由橡胶工管理的学校、健康中心和合作社的道路。

门德斯树敌无数,牧场主、土地主、政客、当地警察,形形色色的人都有,他最终在 1988 年 12 月 22 日付出了惨重代价,被人雇凶枪杀,享年 44 岁。但是他留下了可观的遗产:国际社会认识到了亚马孙雨林的生态已经遭到破坏,国际环境组织了解了雨林内民众的困苦生活,以及一个代表橡胶工利益的国际知名机构,和总面积达 330 万英亩亚马孙雨林的 21 个保护区。

如果说后政治局势有什么解药的话,那么它会是能够激发政治行动的新思想。小说在这个方面扮演着重要作用。欧内斯特·卡伦巴赫(Ernest Callenbach)在 1974 年出版的《生态乌托邦》(*Ecotopia*)描述了 25 年后也就是 1999 年的一番景象:为了创建一个生态可持续发展的社会,加州北部、俄勒冈和华盛顿从美国分立出来组建成一个新国家。故事的叙述是以一个新闻记者的日记和报道的形式交织进行的。记者名叫威廉·韦斯顿(William Weston),他被派到这个新国家去做调查报道。通过他的眼睛,人们逐渐了解到这个生态乌托邦社会的不同之处。虽然现代社会对于涉及杀生的户外游戏还比较陌生，但是对国家禁止食用的大麻可不陌生，而这本小说描绘了污水、健康、政治和性等主题，带来了一个引人入胜的视角，让大家感受到在一个绿色发展的社会里生活是怎样一种状况。

比方说韦斯顿第一次来到旧金山著名的市集街（Market Street）这个段落，展示了想象未来另一种愿景的力量（Callenbach，1974：11）：

> 我刚踏上街道，就立刻惊呆了。一切都笼罩着奇异的安静。我想总要遇见一点像我们的城市那样激动地喧闹的东西：汽车喇叭声，飞驰而过的出租车，摩肩接踵、匆匆向前的都市人。从自己对安静的惊讶中恢复过来，我来到了市集街，发现这条穿过城市直达水边的大道，曾经是那样恢宏壮观，如今已经成为一条绿树掩映的林荫大道。"街道"本身已经瘦身成两车道，供电动出租车、小型巴士、手推车安静地行驶。剩下的巨大的空间，是自行车道、喷泉、雕塑、亭台以及四周放着坐凳的小园林。

《生态乌托邦》还描绘了处于稳定状态的经济实际上会是什么样子（在关键争论 9.1 当中会进行进一步讨论），对能源生产、建筑施工、军事战略、农业、防务、教育和医疗体系等多个方面做了探讨：

> 稳定状态这个概念看似平常无奇，但是如果你真正弄懂了它对生活各个方面的意义，从最私人的活动到最普遍的事务，你的看法就会发生改变。鞋子不能有合成材料的跟，因为它们不会降解。玻璃和器皿也需要重新设计，这样在打碎之后不久就会分解成沙子。除了少数无可替代的场合，铝和其他非黑色金属基本被弃用。在生态乌托邦人士眼中，只有可以锈蚀的铁是"自然"金属。皮带搭扣是用骨头或者坚硬的木材做成。炊具多用铁制成，没有不粘塑料涂层。几乎所有物品都没有上漆或刷涂料，因为漆和涂料含有铅、塑料或者橡胶，无法降解。人们似乎很少收藏书等物品，他们相比美国人读书更多，但是看完之后就流转给朋友或者回收利用。当然，生活当中也有一些东西脱离了稳定状态的标准：车胎是橡胶的，牙齿填料是含银的，有些建筑是用混凝土建成的。这是一个让人感到惊奇的过程，人们显然非常享受不停地推进这个过程。

168

人类学者詹姆斯·霍尔斯顿(James Holston，1999)指出，有必要想象各种不同的未来，以防止治理陷入对当前状况的简单强化当中。美国工程师、作家和未来学家理查德·巴克敏斯特-富勒(Richard Buckminster-Fuller)从另一个角度做了阐述："你永远不可能通过攻击既有的现实取得改变。要想改变，就要建立一个新模式，让旧模式彻底过时。"要想让社会朝着进步的方向前进，必须有多种备选方案。《生态乌托邦》热潮过后，人们曾经发起过一个短暂的卡斯卡底独立运动(Cascadian Independence Movement)，试图在美国西北部的太平洋沿岸建立一个独立的州，这充分反映了假想激发现实行动的能力。在现实世界里，世界社会论坛(World Social Forum)发起过一个名叫"让另一个世界成为可能"(Another World Is Possible)的行动，于2001年在巴西的阿雷格里港举行首次会议，会议分享了不以经济全球化为基础建立另一种未来的构想。阿雷格里港是召开这样一个会议的理想之地，因为它在社区普遍实行参与式预算制，也就是地方政府开支的优势顺序由当地居民商议设定。在2005年，这个会议吸引了15万人参加，反映了人们对另一种社会前景的期待之情。

霍尔斯顿指出，在大规模移民和社区认同感丧失的背景下，只有国民身份已经不够，而是可以基于城市、地点、区域或者跨国家等属性建立多种身份。越来越多草根运动试图在地方层面上创造不一样的未来。20世纪90年代遍及欧洲的"夺回街头"运动(Reclaim the Streets)，就是在城市主要道路上非法举行集会，它既是对反传统文化的一种表达，同时也暂时性地创造了一个不同于之前的、没有汽车的空间。2002年，美国加州帕萨迪纳的阿罗约节(Arroyo fest)曾将110号高速公路关闭8英里，供人们从南帕萨迪纳的约克大街骑行或步行到高地公园的枫树林公园。这样做的目的既是对阿罗约作为南加州的历史、文化和风景名胜的纪念，也提高了人们的环境意识(Gottlieb，2007)。这样的临时活动影响力大，这不仅因为参与的人群的确"夺回了空间"，同时它们在人们的集体意识当中种下了另一种未来的种子，从而激活元治理的广泛文化背景，塑造第一和第二层面治理的框架。

社区还参与永久性的转型。2006年，生态农艺师罗伯·霍普斯(Rob Hopkins)在英国西南部创立了转型城镇运动(Transition Town)，倡导"社区领导的对石油峰值和气候变化的反应，建立恢复力和幸福"(Hopkins，2008：8)。发展到今天，世界各地的转型运动已经多达277个。转型城镇着眼于自身的基本需要，运用食物生产、能源生产、建筑材料和垃圾本地化原则，努力让它们对气候变化和石油峰值更具恢复力。这个运动非常强调行动,转型的含义在于真正改变人们居住的环境。各地社区发展出它们自己的干预方式,正如该运动的创始人所指出的那样,"它让从上到下的解决方案变得几乎多余……建立恢复力就是在当地的许多细小之处做出小的改变,做出大量的干预而不是少数大规模的干预"(Hopkins,2008:55)。政府的作用也得到承认,因为社区不可能单打独斗,但是社区不应该等候政府前来牵头。

虽然城镇转型运动被指变得高度等级化(人们必须付费参加培训课程,才能让他们所在的城镇得到这个运动的正式承认)(Smith,2010),但是草根环境运动越来越懂得,在现实世界里做出的实质性改变可以推动政治上的变化。印度的甘地采取鼓励印度民众自己纺纱织布和熬盐等策略,将英国殖民者赶出印度。占领尚未得到使用的公共空间,将其开辟为社区公园等简单的行动,有助于建立民众对当地的归属感和社区感。俄勒冈州波特兰市的"城市修复"运动(City Repair)就是利用这个理念,将城市空间改造成以社区为导向的场所。他们认为,接管公共空间可以促进邻里沟通,并为他们赋能。正如他们所言,"街道通常是我们街区唯一的公共空间,但是它们大多数在设计时只有一个目的:开车"(City Repair,2010)。他们的十字路口修复计划鼓励将十字路口改建成公共广场,改变它们的外貌和用途,供整个社区使用(图9.2)。

图 9.2　美国波特兰市涂刷过后的十字路口
资料来源:经"城市修复运动"组织授权使用。

正如他们的网站所言：

> 我们街区可以在十字路口画上一张巨大的壁画，其他什么也不做。在另一个十字路口可以做很多期改造：给街道漆上颜色，装一个社区公告牌，在某个角上开一个迷你咖啡屋，用砖和鹅卵石改造十字路口，开一些店铺使之成为市镇中心……

就像案例研究 9.2 所讨论的奇科·门德斯和橡胶采汁器那样，"城市修复"运动开始对正式的治理渠道产生了影响，因为波特兰市已经通过一个规划法令，允许在十字路口修复时做各种涂画。

在本章即将结束之时，有必要指出吸引众人参与的能力不是谁都拥有的。朱利安·阿杰曼（Julian Agyeman，2005：105－106）就曾指出，"草根环境正义团体经常缺乏更加主动发挥作用，也就是防患于未然所需要的定义问题、抓住政治机会以及动员政治和金融资源的能力"。爱德华·阿贝、欧内斯特·卡伦巴赫以及"地球之友"都差不多出现在同一个时间的同一个地点，也就是 20 世纪 60 年代的加利福尼亚，还有波特兰及其"城市修复"运动处在环境乌托邦的中心。欧内斯特·卡伦巴赫受到爱德华·阿贝的直接影响，而他们二人又均受到与肯·凯西（Ken Kesey）嬉皮士运动相关的反文化运动的影响。这种独特的影响关系有力地展现了那些地方拥有的采取环境行为的不同传统和能力。

关键争论 9.1

稳态经济学

在很多人看来，市场可否用于解决环境问题，取决于先要找到另外一种经济模式。随着快速发展的中国和印度走到聚光灯下，人们发现如果全球温室气体排放总量翻倍，那么就算经济活动的能源效率得以提高也没什么意义（美国用这个观点坚持要求发展中国家与发达国家都要承担减排义务）。至于这种经济模式是什么样的，众人莫衷一是，有人提出是现状的低碳版，有人甚至反思追求增长本身的意义。例如，近年来兴起的"幸福经济学"指出，民众对生活的满意程度与经济财富

的增长之间并不是非常相关。在食物和住所等基本生活需要得到满足之后，人们并不会因为财富增长而觉得更加幸福，因此尽管发达国家的人均收入比 40 年前已有大幅增长，但是自认为幸福的人的占比并不比那时更高。同样，发达国家的人们也不比收入较低的国家的民众更加幸福。这个现象被称为"伊斯特林悖论"。它源自 1974 年理查德·伊斯特林（Richard Easterlin）发表的一篇论文，他在对美国和众多发展中国家民众的幸福感做出调查之后撰写了这篇文章。

生态经济学家赫尔曼·戴利（Herman Daly, 1991）提出，实现可持续发展需要转变成稳态经济模式。在这种模式下，没有持续的经济增长。关于未来生态社会的一些构想，如欧内斯特·凯伦巴赫的小说《生态乌托邦》，通常建立在稳态经济模式之上。最近这几年，稳定状态这一概念在关于可持续发展的正式讨论当中也有了一席之地（Jackson, 2009；Sustainable Development Commission, 2009）。法国和意大利的一些民众运动则更进一步，提出我们真正需要的其实是去增长，这样才能让西方社会回到可持续发展的边界之内。

当然，真正的问题在于，金融体系已将增长深深嵌入了我们的经济体系当中。在资本主义经济模式下，产业活动所需的资金往往来自贷款，而贷款是有利率的，企业为了偿还贷款就需要实现持续的增长。因此，稳态经济需要一个新的、可持续的资金供应体系，以零利息供给资金。在此我们不打算讨论其中的金融细节，但是值得注意的是，就算是在 2008 年金融危机爆发之后，政府也不愿意忽略银行这个体系。虽然银行的钱直接来自民众的钱包，但是政府还是通过私人银行向经济注入资金，这些资金是需要利息的。另外一个让人不无沮丧的事例，是法国在 20 世纪 70 年代曾经试验过稳态经济政策。法国政府认真地考虑，随着技术进步和效率提升，人们的工作时长应该缩短，于是试图缩短公用事业领域工人的工作时间，不料这一政策遭到抵制——看起来人们宁愿多挣些钱，而不是去享受假期。

结语

让民众参与治理他们置身其中的环境是符合直觉的：它能提高决策的

合法性,对那些受决策影响的人更加公平,而且比试图强加外部控制手段可能更有成效。此外,虽然治理也会对社会起引导的作用,但是它不会专断引导的方向,从而需要某种形式的政治参与。公众参与努力让公众正式参与各个层面的环境治理,并已在发达国家成为决策过程当中必不可少的环节。

表 9.1 列出的是公众参与的优点和缺点。在大多数情况下,我们可以用它们来判断参与的民主程度,特别是可以判断人们在决策过程当中是否真正有发言权。当然,参与带来的希望在于它将过去封闭的决策过程打开,让公众参与其中,从而提高决策的质量及其合法性。反之,有时公众参与对最终决策几乎没有什么有意义的影响,甚至反而强化了现状。参与的共识模型尤其受到批评,人们认为其排斥了主流意见之外的其他意见。

表 9.1 公众参与的优缺点

优　　点	缺　　点
开放决策过程,接受民主参与	难以包括所有利益相关者
可用于任何决策过程	成本高昂,耗费时间
提高决策质量	对关键决策鲜有意义重大的影响力
提升决策的合法性	为了达成共识可能忽略不同声音

与正式的参与渠道相对,草根运动和环保激进主义行动试图传达更加激进的观点。事实上,环境运动的标志就是这类抗议活动(过去如此,现在仍然这样)。这种后政治的批评将民主分成了两类:一类是正式参与,它发生在体制内;另一类是非正式抗议,它发生在体制外。这种二分法虽然看似简单明了,但在现实当中很少能那样泾渭分明。公众参与让专家和非专家、公众与私人、民众与政府之间的界线变得模糊。假以时日,非正式的草根群体可以变成机构,参与正式的治理过程,如地球之友和橡胶工委员会一样。在元治理层面,正式的环境治理渠道之外的世界,源源不断地为其带来新的价值观、富有创新的思想和充满活力的制度。

＊＊＊＊＊＊＊＊＊＊＊＊＊＊ 思 考 问 题 ＊＊＊＊＊＊＊＊＊＊＊＊＊＊

- 用实例讨论公众参与是不是一种无效的民主形式。

- 设想一种未来社会模式(可以借鉴大众媒体、文化背景或实际的社会运动)。它对环境治理意味着什么?

-------------------------------- **重要阅读材料** --------------------------------

- Beck, U. (1992b) "From industrial society to the risk society: questions of survival, social-structure and ecological enlightenment," *Theory, Culture, Society*, 9: 97–123.
- Renn, O. (1999) "A model for an analytic deliberative process in risk management," *Environmental Science and Technology*, 33: 3049–55.
- Swyngedouw, E. (2007) "Impossible sustainability and the post-political condition," in R. Krueger and D. Gibbs (eds) *The Sustainable Development Paradox: Urban Political Economy in the US and Europe*, New York: Guilford Press, 13–40.

第十章 结 论

------------------------------------- 学 习 目 标 -------------------------------------

学完本章之后你应该可以：

● 对治理在环境领域的演进过程做出总结；
● 评估不同环境治理模式的优势和不足；
● 清楚环境治理领域出现的新主题。

概述

最基本的治理模式是通过创造让集体行为得以发生的条件，吸引政府以外的行动者参与进来。本书的最后一章将对前面每一章做简短的总结，回顾环境治理的演进过程，然后评价每种治理模式的优势和不足，对比它们如何推进集体行动，最后提出关于环境治理的八个假设，旨在激发讨论，并为那些有意在这个领域深入学习的人指出新兴的主题。

回顾环境治理

治理这门学问虽然近些年才兴起，但是广义上的治理行为却已历史悠久，它伴随着现代民族国家的诞生而出现。现代民族国家需要负责行政事务的政府对民众加以照管。25 年来发生的从政府管理到治理的转变是一个渐进的过程，在此过程中诸多过去由政府承担的事务慢慢向政府之外的行动者开放。对这个政府管治逐步放开的过程，持不同政见的人有着不同的看法：有人视其为民主的延伸，认为它改善了决策过程；有人认为它是新自由主义和经济全球化弱化国家和公共领域的组成部分。就像生活中大部分事物一样,这两种立场都是正确的,但都只看到了事物的一个方面。其实最正确的看法,是把治理看成对 20 世纪 80 年代出现的各种条件所做出的回应。那时,经济方面的考虑成为决定政治的主导因素。与其说是政府的目标突然发生改变,不如说是在经济全球化背景下需要新的实现方式。

虽然从管理到治理的转变不仅限于环境领域,但环境问题的复杂性让其成为研究治理的很好的切入口。环境变化面临的高度不确定性、许多问题的全球性或跨国界的本质,还有缺少全球性的机构去做出和执行应对决策,使得让更多的行动者参与决策过程变得非常有必要。于是,环境脱颖而出成为在全球层面研究治理的主要对象,政府组织和国际合作组织的大量诞生正体现了这一点。

全球环境治理的发展在早期可谓万众瞩目,让人激情澎湃,后来人们才慢慢意识到要达成具有法律约束力的国际协定并付诸实施是多么困难。仅仅是参与谈判的国家数量之多,就对现行的国际协定体系造成了结构性的局限。除此之外,经济实力对于环保措施的可行性有着决定性的作用。例如,对不环保的进口产品征税对世界贸易组织(WTO)来说是一个法律问题,而对联合国环境规划署来说就不是。如此割裂的政治裁决体系使得全球环境体系当中存在的问题很难解决,但是要建立一个统领性的全球政府或环境执法组织,那既不是大家想要的,也不可能成为现实。由于多边行动面临这些结构上的局限性,人们越来越对网络和市场寄予厚望,认为它们是最有希望落实环境协定的方式。

网络型治理是把具有共同利益的不同行为群体汇聚起来,越过犹豫不决的政府,充分利用不同行动者手中的资源,努力取得对各方有利的结果。政府组织和半自治非政府组织网络的大量出现,推动各国将在里约、京都和约翰内斯堡达成的协定付诸实施,这是环境治理领域取得的最激动人心和最具活力的进展,给政府、企业和公众的政治和经济行为带来了真正的改变。这些网络推动的改变自然证明了它们协调行动的能力,尽管网络型治理的有效性、责任体系与合法性都还存在问题。

这些网络有很多是给市场机制提供支持的。市场型治理有望通过供求规律配置资源,高效率地解决环境问题。尽管如此,创建碳排放额度等环境商品所需要的大量官员、科研人士和生态企业家,使得人们很难判断市场模式是否真的有能力,更不用说高效率地改变现状。很明显的是,市场不是处在真空当中,而是在国家设定的若干参数约束下运行的;问题极少是"有市场或者无市场",而是市场在一系列的治理措施当中应当扮演什么样的角色。

转型管理试图通过鼓励低碳创新,对经济起到引导作用。在这种情况下,政府调节经济条件的能力至关重要,尽管这种模式被指低估了社会总体期望和政治大背景的重要性。转型管理试图通过改变物质基础去改变社会,因此不像其他很多环境治理模式那样深陷道德争论。

适应型治理让社会对不断变化的环境条件做出更好的反应。适应能力取决于设计出合适的机构和决策程序,它们要让人们在面对不同环境变化时能够开展试验并从这些变化造成的社会和生态影响当中学习。新近出现的环境治理模式,如转型管理和适应型治理,采取的措施带有更多的试验性质。本书后半部分讨论的几种治理模式显然是彼此关联的,为了对它们做出总结,我们对它们进行一一对比,分析它们的关系特点,并梳理它们的优势和不足。

不同环境治理模式的对比

表 10.1 列出了不同治理模式的七个方面,前五个方面关乎它们的特点,后两个方面涉及它们的成本和引导能力。提出这个分类,并不是要列出一个完整的清单,或者认为它们是不可更改的,而是建立在本书前四章讨论的治理的关键特性(集体行动、规则和制度的重要性)以及每一章结尾的结论之上。

从地理的角度看,网络是非常灵活的,因为它们的运行不需要共同的监管或者政治框架。它们像拓扑结构那样运行,联结一个个节点,而不是把空间封闭起来,这让它们得以形成全球性(或者跨国性)的联系。相比之下,市场和转型两种模式的运行需要有统一的监管框架,这需要由国家来架构或者由国家之间达成协定。这两种模式在扩展的时候,都容易发生"泄漏"问题,也就是不受欢迎的活动不过是简单地迁移到监管区域之外而已。适应型治理在运用到具体事务的时候最有效,这可能涉及一个单一的社会—生态系统。这一要求使得这些模式更加适合用于处理区域和地方治理问题。

表 10.1 不同治理模式的对比

	网 络	市 场	转 型	适 应
规模	跨国	全国/国际	全国/城市	当地/区域
规则来源	网络	政府主导的合作	政府主导的合作	网络

	网　络	市　场	转　型	适　应
集体行动的要求	能力	监管	监管	能力
行动者的身份	利益相关者	生产者和消费者	创新者和采纳者	利益相关者
规则的作用	促进(共同目标)	监管	管理	学习
成本	低	低	高	中等
引导能力	中等	中等	高	中等

从表 10.1 中可以看出，每个模式的规则来源体现了地理上所受的限制。市场和转型管理面临的规则主要由政府设定，或者是政府和产业展开合作，而网络和适应两种模式的规则由行动者自己设定。对集体行动的需要也可以做相似的分类，其中市场和转型两种模式的运行需要监管框架，而网络和适应两种模式则是建立在自己采取行动的能力之上(用网络当中存在的资源和知识来衡量行动能力)。于是，网络和适应模式将行动者视为利益相关者，认为它们之所以参与其中，是因为它们有某种形式的利益。市场模式把行动者定义为生产者和消费者，在转型模式下则为创新者和采用者。各种模式的另一个相似之处，是市场模式强调经济交换的金融因素，转型管理强调经济增长的知识驱动因素。

从对制度质量的要求来看，政策制定者觉得最舒服的是市场和转型模式，因为监管和管理是他们更加熟悉的活动。转型管理其实可以被视为具有战略高度的市场治理。网络模式需要促进和鼓励等软技能，通常在政府不深度参与的情况下更有成效。适应模式可能被看作是网络模式把生态因素考虑进来之后的延伸版本，尽管它要求采用试验性更强的方法，而这又要求决策者将失败视为资源管理的一部分去接受它。尽管如此，扎根更深的治理模式也会招致一定程度的风险和不确定性。市场模式的拥趸努力指出，市场设计过程是通过试错向前推进的——它们很少在一开始就能完美地运转。同样，因为网络可以围绕某项事务迅速发展起来，所以其中很多不可避免地会失败，或者变得无足轻重并慢慢消亡。试验、学习以及可能的失败，是所有治理模式的一个重要特征。通过参与积累的社会学习是集体学习的一种形式，而作为转型管理本质特征的技术与社会共同演进则是集体试验的一种形式。

在成本方面，不难明白为什么网络和市场变得如此受人欢迎，因为它们有望以低成本的方式解决环境问题（是否真的低成本尚存争议，但的确是这么宣称的）。转型管理虽然成本更高，但是对政策制定者有吸引力，因为它有望发挥更大的引导作用，实现建成低碳经济所需要的系统性转型。同样，适应型治理也对政策制定者具有吸引力，他们要负责在环境条件不断变化以及政治筹款环境高度不稳定的情况下保护资源和持续提供服务。

八大假设

本书的大部分探讨都相当慎重，在介绍不同环境治理模式的时候努力保持不偏不倚。在即将结束本书的时候，我们要提出更加尖锐和更富争议的八个假设，意在激发进一步的讨论。

网络和市场是我们拥有的最美好的事物。环境问题不会自动消失，国家主权或资本主义也不会。达成一个具有约束力的全球性碳排放协定，也就是把所有国家都吸纳进来，也不可能发生。政界人士不喜欢具有约束力的条约，同时国际关系制度存在结构上的缺陷。不过这并不一定带来麻烦：所有主要排放国都在筹划排放交易机制，自愿减排网络也大量涌现。此外，正如政府间气候变化专门委员会越来越接受的那样，减排标准不可能达成，这意味着要降低大气中的二氧化碳含量，需要实施植树等软性的地球工程方案。在这个有心栽花花不开的背景下，依赖网络治理予以实施的各种机制，如清洁发展机制（CDM）和减少砍伐及森林退化造成的排放（REDD＋），就变得越发重要。尽管网络模式的自愿基础遭人诟病，市场模式被指加剧业已存在的不平等，但它们终归是我们目前拥有的最佳模式，因此应当充分加以利用。

治理需要的是演进，而不是革命。许多治理模式建立在这样一个观点之上，那就是治理发生在多个层面上。例如，第二章讨论的一阶、二阶和元治理三个层面，就映射在转型管理的利基、体制和大背景的模型以及适应型治理的嵌套层级模型当中。多层面的存在不仅表明治理发生在不同的空间维度，而且发生在不同的时间维度。元治理层面的改变要求文化态度和政治理念发生长期的转变。更低层面的治理会对元治理产生影响，也会受其影响，但是速度非常缓慢。

理顺治理组合至关重要。现有治理格局反映了众多为了应对环境问题而产生的模式和制度。它的弊端在于很难厘清治理的责任和衡量其有效性（Bulkeley & Newell，2010）。它的好处在于问题实在过于复杂，如果只使用单一的治理模式,可能难以取得成效。环境问题的解决没有灵丹妙药,因为问题及其潜在解决方案千差万别。上文总结的各种治理模式的优缺点,使得它们分别适合不同的地点、规模和问题。对于政策制定者而言,当务之急是适当地组合使用多种治理模式,这可能需要使用传统的监管模式。

例如,奥利弗·蒂克尔(Oliver Tickell, 2008)在他的专著《京都 2》(Kyoto 2)当中主张在开采点,也就是在煤炭或石油实际离开地面的那一刻,征收碳排放税,这样成本就沿着商品链一路传递,收益则用来资助"蓝天信托基金",为在发展中国家实施减缓和适应气候变化的行动提供支持。政治家们担心这类举措过于鲁莽,干涉色彩过于浓厚,可能对西方经济造成过大的伤害(它们有赖于廉价汽油),但是这样的计划在原理上没有理由不可以跟排放交易计划并行实施,尽管如何让政治家和企业接受它们,又会把我们带回到治理这个问题上来。

治理需要政治远见。社会必须有目标才能实行引导。治理可以对社会形成引导,但是它并没有告诉我们应该朝着哪个方向去引导。参与提高了决策的合法性,使得在受决策影响的人士看来,它比简单地强加于人的决策更加公平,从而可以提高决策的成效。参与虽然成本高昂,而且需要决策者放松对权力的控制,以便让公众对决策产生真正的影响,但是它对于民众就社会应该向哪个方向发展形成共识有着至关重要的作用。

治理非常关注规则和程序,于是被人批评带有后政治色彩,忽视究竟什么才是理想的未来这样的大问题。尽管有同一个世界的话语,但是让人们从忠于各自的国家转变为忠于地球是一个极其缓慢的过程。此外,同一个世界的理想倾向于把某些群体排斥在外,这不禁让人怀疑它是不是一种有益的思想。

治理其实是围绕着城市或社会生态系统等事物产生新身份和新政治理念的源头,尽管人们很少这样看待它。这样,治理会促使我们在思考技术创新的同时,还要思考社会和政治创新。

治理事关学习。治理的成功取决于通过学习适应不断变化的外部环境的能力。科学和资本主义在应对非线性变化时都力有不逮,因为成本收益分析和传统的资源管理都是建立在均衡和工程恢复力的基础之上。自然不是一成不变的,于是干预时使用这些标准的管理方法就不再合适。为了在经济、政治和环境不断变化的背景下进行管理,同时又不失去政治和社会目标,治理需要有能力进行学习的制度。这就需要制定合适的规则,允许试验和转变,并把失败当作学习过程不可分割的一部分。

学习和改变的能力是不同治理模式的共通之处,并有可能是治理这个概念的题中之义。作为现代社会后期(即20世纪下半叶)的产物,治理呼应了贝克和贝克-格恩斯海姆(Beck & Beck-Gernsheim,2001)提出的观点:现在的人们生活在反思中,而不是生活在习惯里。换言之,我们生活在不断对自己的行为进行反思当中,而不是简单地重复某些行为以取得预期的最终成果。学习相关的资源成本高昂,这可能创造机会让高等院校在监测等活动中,让非政府组织在知识交换中,发挥比过去大得多的作用。

结构的双重性至关重要。治理倾向于设立共同目标,让不同行动者寻找实现目标的最佳方式,这是建立在结构双重性基础之上的。所谓双重性,就是小规模的自由嵌套在大规模的结构内部。为了取得普遍的改变,必须对网络赋能,使之有能力采取行动实现共同的目标,或者像纳伯尔·哈姆迪(Nabeel Hamdi,2004)所说的那样,要想扩大规模,就要能缩小规模。对于环境治理而言关键问题在于决定采取哪种形式的双重性。例如,多大规模的自由是理想的或者可以推动的,但是同时又允许各方的行动足够协调?又如,大规模的结构应该采用哪种形式:是需要一个负有执行和监测职能的统领性机构,需要设定并发布共同愿景,或者只是需要提供一个用于分享知识的平台?这些问题的答案取决于实际选择的治理模式或其组合,并在很大程度上决定了如何设计制度对它们进行管理。

政府管理很重要。政府通过它们执行的政策,塑造着市场、创新的大背景、政治理念和合法性。由于应对气候变化需要快速做出大规模的改变,于是越来越多的政策评论者主张政策直接采取行动。例如,直接投入研发资金,而不是通过税收和补贴刺激市场推出合适的创新(Lomborg,2007)。又如,对碳排放多的活动征税,用于资助清洁技术的研发,而不是试图改变行为(Galiana & Green,2009)。另外,网络治理或者可以为监管方式的改变提供一块踏脚石。例如,一旦"碳披露项目"(Carbon Disclosure Project)网络推行的自愿碳会计制度得到足够广泛的采纳,它们就能得到足够的支持对法律做出修改,从而让发布这种报告成为法律义务。

带着这些具有战略意义的问题重新思考国家的作用,对环境治理是一个巨大的挑战,因为很多环境理论最初都没有考虑到国家是如何运行的。实际上,国家拥有塑造结构、构建治理运行环境并加以制度化的终极能力。在2008年金融危机和中国加速市场经济进程的大背景下,国家在社会管理当中可以起到重要作用的思想再次风靡。由此可见,国家的资源一直没有得到充分利用,所以将来可以通过伙伴关系和网络继续发挥作用,实现国家的战略性目标。理解国家起到哪些战略性作用和参与哪些日常活动,对环境治理来说是一个极其重要的挑战。

性质多样的制度对于跨领域协调行动至关重要。性质多样的制度对于联结不同领域的环境行动有至关重要的意义。绿色银行和基础设施债券等生态金融制度,通过把投资者与环境项目联结起来,推动减缓和适应气候变化的各种行动。CDM、REDD 和 CSR 等计划的合规与监测,催生了大量代表公民社会、动员专业知识和产生科学合法性的制度安排。诸如政府间气候变化专门委员会等性质各异的制度安排对于联结科学和政治网络至关重要,使得气候变化可以摆脱科学和环境关切的困囿。各种制度安排形成和运行的外部条件,是环境治理非常关注的一个核心议题,因为只有通过这些制度安排,才有可能对不同领域应对环境问题的行动加以协调。

未来

本书试图勾勒出让环境治理成为重要和热门议题的若干方面。虽然全书所做的分析,还有前文列出的若干新兴的关键事项,没有做到面面俱到,但是为环境治理的未来发展设定了激动人心的议程。正如本书第一章提到的,治理既被某些人认为是在这个高度割裂的世界里推行管治的唯一方式,也被人驳斥为只会维持现状的腐朽政治。让人感到充满希望的是,不仅这两种观点都是部分正确的,而且它们代表着一个硬币的两面。实行环境治理的未来远不是确定不移的,但真正要紧的是:治理是关乎引导和兴起的,而不是关乎严格控制和革命的。

治理拥有以全新的方式把人、地和物联结起来的潜力。创新,无论它的形式是新技术、新社会网络,还是新政治体系,都可以制造涟漪效应,很小的干预可能产生巨大的影响。打破现状需要多样性、开放思维以及学习和改变的能力。在开展这些活动时,治理有助于塑造人类理想世界的新身份和新远见。

参 考 文 献①

Abbey, E. (1975) *The Monkey Wrench Gang*, New York: HarperCollins.

Adger, N. (2000) "Social and ecological resilience: are they related?," *Progress in Human Geography*, 24: 347–64.

—— (2010) "Addressing barriers and social challenges of climate change adaptation," in National Research Council, *Facilitating Climate Change Responses: A Report of Two Workshops on Knowledge from the Social and Behavioral Sciences*. Committee on the Human Dimensions of Global Change, Division of Behavioral and Social Sciences and Education. Washington, DC: The National Academies Press, 79–84.

Agrawal, A. (1995) "A southern perspective on curbing global climate change," in S. Schneider and A. Escobar (eds) *Encountering Development*, Princeton, NJ: Princeton University Press.

—— (2005) *Environmentality: Technologies of Government and Political Subjects*, Delhi: Duke University Press.

Agrawal, A. and Narain, S. (1990) *Global Warming in an Unequal World: A Case of Environmental Colonialism*, New Delhi: Centre for Science and Environment.

Agrawal, A., Narain, S. and Sharma, A. (eds) (1999) *Global Environmental Negotiations 1: Green Politics*, New Delhi: Centre for Science and Environment.

Agrawala, S. (1999) "Early science–policy interactions in climate change: lessons from the Advisory Group on Greenhouse Gases," *Global Environmental Change*, 9: 157–69.

Agyeman, J. (2005) *Sustainable Communities and the Challenge of Environmental Justice*, New York: New York University Press.

Agyeman, J., Bullard, R. and Evans, B. (2003) *Just Sustainabilities: Development in an Unequal World*, Cambridge, MA: MIT Press.

Almond, G. (1988) "The return to the state," *American Political Science Review*, 82: 853–74.

Anderson, K. and Richards, K. (2001) "Implementing an international carbon sequestration program: can the leaky sink be fixed?," *Climate Policy*, 1: 173–88.

Anderson, T. and Leal, D. (1991) *Free Market Environmentalism*, Boulder, CO: Westview Press. 2nd revised edn 2001, London: Palgrave Macmillan.

---

① 　为方便读者查阅,本书按原版复制参考文献。

Andersson, R. (2007) *The Politics of Resilience: A Qualitative Analysis of Resilience as an Environmental Discourse, Essay from Stockholm University*. Online. Available HTTP: www.essays.se/essay/9f8729269b/ (accessed 16 December 2009).

Andonova, L., Betsill, M. and Bulkeley, H. (2009) "Transnational climate governance," *Global Environmental Politics*, 9: 52–73.

Andonova, L. and Levy, M. (2003) "Franchising global governance: making sense of the Johannesburg type II partnerships," in S. Stokke and O. Thommessen (eds) *Yearbook of International Cooperation on Environment and Development*, London: Earthscan, 19–32.

Ansell, C. and Gash, C. (2008) "Collaborative governance in theory and practice," *Journal of Public Administration Research and Theory*, 18: 543–71.

Armitage, D. (2010) *Adaptive Capacity and Environmental Governance*, Berlin: Springer Verlag.

Arnstein, S. (1969) "The ladder of Citizen Participation," *Journal of the Institute of American Planners*, 35: 16–24.

Arrow, K. (2007) "Global climate change: a challenge to policy," *Economists' Voice*, 4(3) (June): 1–5.

Attaran, A. (2005) "An immeasurable crisis? A criticism of the Millennium Development Goals and why they cannot be measured," *PLoS Medicine*. Online. Available HTTP: www.ncbi.nlm.nih.gov/pmc/articles/PMC1201695/ (accessed 8 August 2010).

Auld, G., Bernstein, S., Cashore, B. and Levin, K. (2007) "Playing it forward: path dependency, progressive incrementalism, and the 'super wicked' problem of global climate change." Paper presented at the International Studies Association Convention, Chicago, 28 February–3 March.

Axelrod, R., Vig, N. and Schreurs, M. (2005) "The European Union as an environmental governance system," in N. Vig and R. Axelrod (eds) *The Global Environment: Institutions, Law and Policy*, London: Earthscan, 72–97.

Bachram, H. (2004) "Climate fraud and carbon colonialism: the new trade in greenhouse gases," *Capitalism, Nature, Socialism*, 15: 1–16.

Bäckstrand, K. (2003) "Civic science for sustainability: reframing the role of experts, policy maker and citizens in environmental governance," *Global Environmental Politics*, 3: 24–41.

—— (2004) "Scientisation vs. civic expertise in environmental governance: ecofeminist, ecomodern and postmodern responses," *Environmental Politics*, 13: 695–714.

—— (2008) "Accountability of networked climate governance: the rise of transnational climate partnerships," *Global Environmental Politics*, 8: 74–102.

Bäckstrand, K. and Lövbrand, E. (2006) "Planting trees to mitigate climate change: contested discourses of ecological modernization, green governmentality and civic environmentalism," *Global Environmental Politics*, 6: 50–75.

Bailey, S. (1993) "Public choice theory and the reform of local government in Britain: from government to governance," *Public Administration*, 8: 7–24.

Bakker, K. (2005) "Neoliberalizing nature? Market environmentalism in water supply in England and Wales," *Annals of the Association of American Geographers*, 95: 542–65.

Banerjee, S. (2008) "CSR: the good, the bad and the ugly," *Critical Sociology*, 34: 51–79.

Barbier, E. (2010) *A Global Green New Deal: Rethinking the Economic Recovery*, Cambridge: Cambridge University Press.

Bear, C. and Eden, S. (2008) "Making space for fish: the regional, network and fluid spaces of fisheries certification," *Social and Cultural Geography*, 9: 487–504.

Beck, U. (1992a) *Risk Society: Towards a New Modernity*, London: Sage.

—— (1992b) "From industrial society to the risk society: questions of survival, social-structure and ecological enlightenment," *Theory, Culture, Society*, 9: 97–123.

—— (2000) *The Cosmopolitical Perspective: Sociology in the Second Age of Modernity*, Oxford: Blackwell.

—— (2007) "The political and social construction of risk, according to Ulrich Beck," lecture given to Intercultural Dynamics Programme of the CIDOB Foundation, Barcelona. Online. Available HTTP: www.cidob.org/en/noticias/dinamicas_interculturales/la_construccion_politica_y_social_del_riesgo_segun_ulrich_beck (accessed 25 December 2010).

Beck, U. and Beck-Gernsheim, E. (2001) *Individualization: Institutionalized Individualism and its Social and Political Consequences*, London: Sage.

Bennett, M., James, P. and Klinkers, L. (1999) *Sustainable Measures: Evaluation and Reporting of Environmental and Social Performance*, Sheffield: Greenleaf.

Bennett, W. (2002) *News: The Politics of Illusion*, New York: Longman.

Benson, M. (2010) "Regional initiatives: scaling the climate response and responding to conceptions of scale," *Annals of the Association of American Geographers*, 100: 1025–35.

Berkes, F. (1986) "Marine inshore fishery management in Turkey," in National Research Council, *Proceedings of the Conference on Common Property Resource Management*, Washington, DC: National Academy Press, 63–83.

—— (2004) "Rethinking community based conservation," *Conservation Biology*, 18: 621–30.

Berkes, F., Colding, J. and Folke, C. (eds) (2003) *Navigating Social-Ecological Systems*, Cambridge: Cambridge University Press.

Berkes, F., Folke, C. and Colding, J. (eds) (2001) *Linking Social-Ecological Systems*, Cambridge: Cambridge University Press.

Bernstein, S. and Cashore, B. (2004) "Non-state global governance: is forest certification a legitimate alternative to a global forest convention?," in J. Kirton and M. Trebilcock (eds) *Hard Choices, Soft Law: Voluntary Standards in Global Trade, Environment and Social Governance*, Aldershot: Ashgate, 33–63.

Berry, M. and Rondinelli, D. (1998) "Proactive environmental management: a new industrial revolution," *The Academy of Management Executive*, 12: 38–50.

Betsill, M. and Bulkeley, H. (2004) "Transnational networks and global environmental governance: the cities for climate protection program," *International Studies Quarterly*, 48: 471–93.

Betsill, M. and Corell, E. (eds) (2008) *NGO Diplomacy: The Influence of Nongovernmental Organizations in International Environmental Negotiations*, Cambridge, MA: MIT Press.

Beveridge, R. and Guy, S. (2005) "The rise of the eco-preneur and the messy world of environmental innovation," *Local Environment*, 10: 665–76.

Bevir, M. and Rhodes, R. (1999) "Studying British government: reconstructing the research agenda," *British Journal of Politics and International Relations*, 1: 215–39.

Biermann, F. (2001) "The emerging debate on the need for a World Environmental Organization: a commentary," *Global Environmental Politics*, 1: 45–55.

—— (2005) "The rationale for a world environmental organization," in F. Biermann and S. Bauer (eds) *A World Environment Organization: Solution or Threat for Effective International Environmental Governance?*, Hampshire, UK and Burlington, VT: Ashgate Publishing.

—— (2007) "'Earth system governance' as a crosscutting theme of global change research," *Global Environmental Change*, 17: 326–37.

Biermann, F. and Pattberg, P. (2008) "Global environmental governance: taking stock, moving forward," *Annual Review of Environment and Resources*, 33: 277–94.

Biermann, F., Pattberg, P. and Zelli, F. (2010) *Global Climate Governance Beyond 2012*, Cambridge: Cambridge University Press.

Blowfield, M. and Murray, A. (2008) *Corporate Responsibility: A Critical Introduction*, Oxford: Oxford University Press.

Boden, T., Marland, G. and Andres, R. (2010) *Global, Regional, and National Fossil-Fuel CO2 Emissions*, Oak Ridge, TN: Carbon Dioxide Information Analysis Center, Oak Ridge National Laboratory, US Department of Energy.

Bohringer, C. (2003) "The Kyoto Protocol: a review and perspectives," *Oxford Review of Economic Policy*, 19: 451–66.

Börzel, T. and Thomas, R. (2005) "Public-private partnerships: effective and legitimate tools of international governance?," in E. Grande and L. Pauly

186

(eds) *Reconstituting Political Authority: Complex Sovereignty and the Foundations of Global Governance*, Toronto: University of Toronto Press.

Boyd, E., Hultman, N., Roberts, T., Corbera, E., Ebeling, J., Liverman, D., Brown, K., Tippmann, R., Cole, J., Mann, P., Kaiser, M., Robbins, M., Bumpus, A., Shaw, A., Ferreira, E., Bozmoski, A., Villiers, C. and Avis, J. (2007) "The clean development mechanism: an assessment of current practice and future approaches for policy." Working Paper 114, Manchester: Tyndall Centre for Climate Change Research.

Boykoff, M. (2007) "From convergence to contention: United States mass media representations of anthropogenic climate change science," *Transactions of the Institute of British Geographers*, 32: 477–89.

Bradach, J. and Eccles, R. (1991) "Price, authority and trust: from ideal types to plural forms," in G. Thompson, J. Frances, R. Levacic and J. Mitchel (eds) *Markets, Hierarchies and Networks: The Coordination of Social Life Markets*, London: Sage Publications, 277–92.

Brand, R. (2005) "The citizen innovator," *The Innovation Journal*, 10: 9–19.

Bridge, G. and Jonas, A. (2002) "Governing nature: the reregulation of resource access, production, and consumption," *Environment and Planning A*, 34: 759–66.

Brockington, D. (2009) *Celebrity and the Environment: Fame, Wealth and Power in Conservation*, London: Zed.

Brown, J. and Purcell, M. (2005) "There's nothing inherent about scale: political ecology, the local trap, and the politics of development in the Brazilian Amazon," *Geoforum*, 36: 607–24.

Browne, P. (2010) "China's Copenhagen paradox," *Inside Story*, January. Online. Available HTTP: http://inside.org.au/chinascopenhagenparadox/ (accessed 13 September 2010).

Buckley, N., Mestelman, S. and Muller, A. (2005) "Baseline-and-credit style emission trading mechanisms: an experimental investigation of economic inefficiency," *Climate Policy*, 3: 42–61.

Bugler, W., Hangartner, C., Jenkinson, C. and Underwood, J. (2010) "Transnational climate change networks," Environmental Governance Series Report 2, School of Environment and Development, University of Manchester, Manchester, UK.

Bulkeley, H. (2005) "Reconfiguring environmental governance: towards a politics of scales and networks," *Political Geography*, 24: 875–902.

Bulkeley, H. and Betsill, M. (2003) *Cities and Climate Change: Urban Sustainability and Global Environmental Governance*, London: Taylor & Francis.

—— (2004) "Transnational networks and global environmental governance: the Cities for Climate Protection program," *International Studies Quarterly*, 48: 471–93.

Bulkeley, H. and Kern, L. (2006) "Local government and climate change governance in the UK and Germany," *Urban Studies*, 43: 2237–59.

187

Bulkeley, H. and Moser, S. (2007) "Responding to climate change: governance and social action beyond Kyoto," *Global Environmental Politics*, 7: 1–10.

Bulkeley, H. and Newell, P. (2010) *Governing Climate Change*, London: Routledge.

Bull, R., Petts, J. and Evans, J. (2008) "Social learning from public engagement: dreaming the impossible?," *Journal of Environmental Planning and Management*, 51: 701–16.

Bullard, R. (1990) *Dumping in Dixie: Race, Class and Environmental Quality*, Boulder, CO: Westview Press.

Bumpus, A. and Liverman, D. (2008) "Accumulation by decarbonisation and the governance of carbon offsets," *Economic Geography*, 84: 127–55.

Burkeman, O. (2011) "SXSW 2011: the internet is over," *Guardian*, 15 March.

Cadbury, A. (2002) *Corporate Governance and Chairmanship: A Personal View*, Oxford: Oxford University Press.

Caldeira, T. and Holston, J. (2005) "State and urban space in Brazil: from modernist planning to democratic interventions," in A. Ong and S. Collier (eds) *Global Anthropology: Technology, Governmentality, Ethics*, London: Blackwell, 393–416.

Callenbach, E. (1974) *Ecotopia*, Berkeley, CA: Banyan Tree Books.

Carbon Trust (2006) *Frameworks for Renewables*. Online. Available HTTP: www.carbontrust.co.uk/publications/publicationde (accessed 8 November 2010).

Carpenter, S. (2001) "Alternate states of ecosystems: evidence and its implications," in N. Huntly and S. Levin (eds) *Ecology: Achievements and Challenges*, London: Blackwell, 357–83.

Cashore, B. (2002) "Legitimacy and the privatization of environmental governance: how Non-State Market-Driven (NSMD) governance systems gain rulemaking authority," *Governance*, 15: 503–29.

Castree, N. (2003) "Commodifying what nature?," *Progress in Human Geography*, 27: 273–97.

—— (2008) "Neoliberalising nature: deregulation and reregulation," *Environment and Planning A*, 40: 131–52.

—— (2010) "Crisis, continuity and change: neoliberalism, the left and the future of capitalism," *Antipode*, 41: 185–213.

Charnowitz, S. (1997) "Two centuries of participation: NGOs and international governance," *Michigan Journal of International Law*, 18: 281–82.

Chisholm, F., Kerry, J., Lane, R., Pattrick, A. and Phillips, G. (2010) "National institutional approaches to climate change," Environmental Governance Series Report 1, School of Environment and Development, University of Manchester, Manchester, UK.

City Repair (2010) "Intersection repair." Online. Available HTTP: http://cityrepair.org/how-to/placemaking/intersectionrepair/ (accessed 29 November 2010).

Clapp, J. and Dauvergne, P. (2005) *Paths to a Green World: The Political Economy of the Global Environment*, London: MIT Press.

Coaffee, J. and Healey, P. (2003) "'My voice, my place': tracking transformations in urban governance," *Urban Studies*, 40: 1979–99.

Coase, R. (1960) "The problem of social cost," *Journal of Law and Economics*, 3: 1–44.

Corbera, E. and Brown, K. (2007) "Building institutions to trade ecosystem services: marketing forest carbon in Mexico," *World Development*, 36: 1956–76.

Cornwall, A. (2004) "New democratic spaces? The politics and dynamics of institutionalized participation," *International Development Studies Bulletin*, 35: 1–10.

Costanza, R. d'Arge, de Groot, R., Farber, S., Grasso, M., Hannon, B., Limburg, K., Naeem, S., O'Neil, R. V., Paruelo, J., Raskin, R. G., Sutton, P. and van den Belt, M. (1997) "The value of the world's ecosystem services and natural capital," *Nature*, 387: 253–60.

Cowan, S. (1998) "Water pollution and abstraction and economic instruments," *Oxford Review of Economic Policy*, 18: 40–49.

Cowell, R. (2003) "Substitution and scalar politics: negotiating environmental compensation in Cardiff Bay," *Geoforum*, 34: 343–58.

Cozijnsen, J., Dudek, D., Meng, K., Petsonk, A. and Eduardo, J. (2007) "CDM and the Post-2012 Framework." Discussion paper, Washington, DC: Environmental Defense.

Crona, B. and Bodin, O. (2006) "What you know is who you know? Communication patterns among resource users as a prerequisite for co-management," *Ecology and Society*, 11. Online. Available HTTP: www.ecologyandsociety.org/vol11/iss2/art7 (accessed 15 January 2011).

Dales, J. (1968) *Pollution, Property and Prices: An Essay in Policy-making and Economics*, New York: Edward Elgar Publishing.

Daly, H. (1991) *Steady-state Economics: Second Edition with New Essays*, Washington, DC: Island Press.

Davies, J. (2002) "The governance of urban regeneration: a critique of the 'governing without government' thesis," *Public Administration*, 80: 301–22.

Davoudi, S. (2006) "The evidence–policy interface in strategic waste planning for urban environments: the 'technical' and 'social' dimensions," *Environment and Planning C*, 24: 681–700.

de Groot, R., Wilson, M. and Boumans, R. (2002) "A typology for the classification, description and valuation of ecosystem functions, goods and services," *Ecological Economics*, 41: 393–408.

De Vivero, J., Mateos, J. and del Corral, D. (2008) "The paradox of public participation in fisheries governance: the rising number of actors and the devolution process," *Marine Policy*, 32: 319–25.

Dean, M. (1999) *Governmentality: Power and Rule in Modern Society*, London: Sage.

Deneven, W. (1992) "The pristine myth: the landscape of the Americas in 1492," *Annals of the Association of American Geographers*, 82: 369–85.

Diamond, P. (1992) "Cosmetic treatment," *Third Way*, 15(6): 18.

Douglas, M. and Wildavsky, A. (1982) *Risk and Culture: Essays on the Selection of Technical and Environmental Dangers*, Berkeley, CA: University of California Press.

Downs, A. (1972) "Up and down with ecology: the issue-attention cycle," *Public Interest*, 28: 38–50.

Drucker, P. (2004) "What makes an effective executive?," *Harvard Business Review*, 82: 58–63.

Dryzek, J. (1997) *The Politics of the Earth: Environmental Discourses*, New York: Oxford University Press.

Duffy, R. (2006) "The potential and pitfalls of global environmental governance: the politics of trans-frontier conservation areas in Southern Africa," *Political Geography*, 25: 89–112.

Dunlap, R. and York, R. (2008) "The globalization of environmental concern and the limits of the postmaterialist values explanation: evidence from multinational surveys," *Sociological Quarterly*, 49: 529–63.

Dupuy, J.-P. (2007) "The catastrophe of Chernobyl twenty years later," *Estudos Avançados*, 21: 243–52.

Easterlin, R. (1974) "Does economic growth improve the human lot? Some empirical evidence," in P. David and M. Reder (eds) *Nations and Households in Economic Growth: Essays in Honor of Moses Abramovitz*, New York: Academic Press.

Eden, S. (2009) "The work of environmental governance networks: traceability, credibility and certification by the Forest Stewardship Council," *Geoforum*, 40: 383–94.

Ellerman, D., Joskow, P., Schmalensee, R., Montero, J. and Bailey, E. (2000) *Markets for Clean Air: The U.S. Acid Rain Program*, New York: Cambridge University Press.

Elmqvist, T. (2008) "Social-ecological systems in transition," *Environmental Sciences*, 5: 69–71.

Enkvist, P., Nauclér, T. and Rosander, J. (2007) "A cost curve for greenhouse gas reduction," *The McKinsey Quarterly*, 1: 34–45.

Environmental Protection Agency (1990) *Clean Air Act*. Online. Available HTTP: www.epa.gov/air/caa/ (accessed 3 August 2009).

Ereaut, G. and Segnit, N. (2006) *Warm Words: How Are We Telling the Climate Story and How Can We Tell It Better?*, London: Institute for Public Policy Research.

Evans, J. (2011) "Adaptation, ecology and the politics of the experimental city," *Transactions of the Institute of British Geographers*, 36: 223–37.

Evans, J., Jones, P. and Krueger, R. (2009) "Organic regeneration and sustainability or can the credit crunch save our cities?," *Local Environment*, 14: 683–98.

Evans, J. and Karvonen, A. (2011) "Living laboratories for sustainability: exploring the politics and epistemology of urban adaptation," in H. Bulkeley, V. Castán Broto, M. Hodson and S. Marvin (eds) *Cities and Low Carbon Transitions*, London: Routledge.

Evernden, N. (1992) *The Social Creation of Nature*, Baltimore, MD: Johns Hopkins University Press.

Fairbrass, J. and Jordan, A. (2005) "Multi-level governance and environmental policy," in I. Bache and M. Flinders (eds) *Multi-level Governance*, Oxford: Oxford University Press, 147–64.

Fairclough, N. (1992) *Discourse and Social Change*, Cambridge: Polity.

Falk, R. (1995) *On Humane Governance: Toward a New Global Politics*, Cambridge: Polity.

Farber, D. (2007) "Basic compensation for victims of climate change," *University of Pennsylvania Law Review*, 155: 651–56.

Fischer, D. and Freudenberg, W. (2001) "Ecological modernization and its critics: assessing the past and looking toward the future," *Society and Natural Resources*, 14: 701–9.

Fischer, F. (2000) *Citizens, Experts and the Environment*, Durham, NC: Duke University Press.

Fischhoff, B. (1995) "Risk perception and communication unplugged: twenty years of process," *Risk Analysis*, 15: 137–45.

Fogel, C. (2004) "The local, the global, and the Kyoto Protocol," in S. Jasanoff and M. Martello (eds) *Earthly Politics: Local and Global in Environmental Governance*, Cambridge, MA: MIT Press.

Folke, C., Carpenter, S., Elmqvist, T., Gunderson, L., Holling, C. and Walker, B. (2002) "Resilience and sustainable development: building adaptive capacity in a world of transformations," *Ambio*, 31: 437–40.

Foucault, M. (1977) *Discipline and Punish*, New York: Pantheon.

—— (1980) *Power/Knowledge: Selected Interviews and Other Writings, 1972–1977*, New York: Pantheon Books.

—— (1991) "Governmentality," in G. Burchall, C. Gordon and P. Miller (eds) *The Foucault Effect: Studies in Governmentality*, Chicago: Chicago University Press.

Friedman, M. (1962) *Capitalism and Freedom*, Chicago: Chicago University Press.

Frosch, R. and Gallopoulos, N. (1989) "Strategies for manufacturing," *Scientific American*, 261: 144–52.

Fues, T., Messner, D. and Scholz, I. (2005) "Global environmental governance from a North–South perspective," in A. Rechkemmer (ed.) *UNEO: Towards an International Environment Organization*, Baden-Baden: Nomos, 241–63.

Funtowicz, S. and Ravetz, J. (1992) "Three types of risk assessment and the emergence of postnormal science," in S. Krimsky and D. Golding (eds) *Social Theories of Risk*, New York: Greenwood Press, 251–73.

Galiana, I. and Green, C. (2009) "Let the global technology race begin," *Nature*, 462: 570–71.

Gamble, A. (1992) *The Free Economy and the Strong State: Politics of Thatcherism*, Cambridge: Polity Press.

Garvey, J. (2008) *The Ethics of Climate Change: Right and Wrong in a Warming World*, London: Continuum.

Geels, F. (2002) "Technological transitions as evolutionary reconfiguration processes: a multilevel perspective and a case study," *Research Policy*, 31: 1257–74.

—— (2004) "From sectoral systems of innovation to socio-technical systems: insights about dynamics and change from sociology and institutional theory," *Research Policy*, 33: 897–920.

Geels, F., Monaghan, A., Eames, M. and Steward, F. (2008) *The Feasibility of Systems Thinking in Sustainable Consumption and Production Policy: A Report to the Department for Environment, Food and Rural Affairs*, London: DEFRA.

Gemmill, B. and Bamidele-Izu, B. (2002) "The role of NGOs and civil society in global environmental governance," in D. Esty and M. Ivanova (eds) *Global Environmental Governance: Options and Opportunities*, New Haven, CT: Yale Center for Environmental Law and Policy, 121–40.

German Advisory Council on Global Change (2009) *Solving the Climate Dilemma: The Budget Approach*, Berlin: German Advisory Council on Global Change.

Giddens, A. (1990) *The Consequences of Modernity*, Cambridge: Polity Press.

—— (2002) *Runaway World: How Globalization is Reshaping Our World*, London: Profile Books.

Gilderbloom, J., Hanka, M. and Lasley, C. (2009) "Amsterdam: planning and policy for the ideal city?," *Local Environment*, 14: 473–93.

Glasbergen, P., Biermann, F. and Mol, A. (eds) (2007) *Partnerships, Governance, and Sustainable Development: Reflections on Theory and Practice*, Cheltenham: Edward Elgar.

Goldemberg, J., Squitieri, R., Stiglitz, J., Amano, A., Shaoxiong, X., Kane, S., Reilly, J. and Teisberg, T. (1996) "Introduction: scope of the assessment," in J. Bruce, H. Lee and E. Haites (eds) *Climate Change 1995: Economic and Social Dimensions of Climate Change. Contribution of Working Group III to the Second Assessment Report of the Intergovernmental Panel on Climate Change*, Cambridge: Cambridge University Press, 17–51.

Gottlieb, B. (2007) *Reinventing Los Angeles: Nature and Community in the Global City*, Cambridge, MA: MIT Press.

Granovetter, M. (1973) "The strength of weak ties," *American Journal of Sociology*, 78: 1360–80.

Grimble, R. and Wellard, K. (1997) "Stakeholder methodologies in natural resource management: a review of concepts, contexts, experiences and opportunities," *Agricultural Systems*, 55: 173–93.

Grubb, M., Vrolijk, C. and Brack, D. (1999) *The Kyoto Protocol: A Guide and Assessment*, London: Royal Institute of International Affairs.

Guha, R. and Martinez-Alier, J. (1997) *Varieties of Environmentalism: Essays North and South*, London: Earthscan.

Gulbrandsen, L. (2010) *Transnational Environmental Governance: The Emergence and Effects of the Certification of Forests and Fisheries*, Cheltenham: Edward Elgar.

Gunderson, L. (1999) "Resilience, flexibility and adaptive management: antidotes for spurious certitude?," *Conservation Ecology*, 3(1): 7.

—— (2000) "Ecological resilience: in theory and application," *Annual Review of Ecology and Systematics*, 31: 425–39.

Gunderson, L. and Holling, C. (eds) (2002) *Panarchy: Understanding Transformations in Human and Natural Systems*, Washington, DC: Island Press.

Gunderson, L., Holling, C. and Light, S. (1995) *Barriers and Bridges to Renewal of Ecosystems and Institutions*, New York: Columbia University Press.

Haas, P. (1990) *Saving the Mediterranean: The Politics of International Environmental Cooperation*, New York: Columbia University Press.

—— (1992) "Banning chlorofluorocarbons: epistemic community efforts to protect the stratospheric ozone," *International Organization*, 46: 187–224.

Habermas, J. (1984) *The Theory of Communicative Action Volume 1: Reason and the Rationalization of Society*, Boston: Beacon Press.

Hajer, M. (2003) "Policy without polity? Policy analysis and the institutional void," *Policy Sciences*, 36: 175–95.

Hajer, M. and Wagenaar, H. (eds) (2003) *Deliberative Policy Analysis: Understanding Governance in the Network Society*, Cambridge: Cambridge University Press.

Hamdi, N. (2004) *Small Change: About the Art of Practice and the Limits of Planning in Cities*, London: Earthscan.

Hamilton, G. (2009) "Public–private partnerships and foreign direct investment as a means of securing a sustainable recovery." Paper delivered at the Fourth Columbia International Investment Conference, Columbia University, 5–6 November.

Hansen, J. (2006) "Our planet's keeper," *New York Review of Books*. Online. Available HTTP: www.nybooks.com/articles/archives/2006/jul/13/the-threat-to-the-planet/?page=2 (accessed 18 November 2010).

Hardin, R. (1968) "The tragedy of the commons," *Science*, 163: 1243–48.

Harrison, C., Burgess, J. and Clark, J. (1998) "Discounted knowledges: farmers' and residents' understandings of nature conservation goals and policies," *Journal of Environmental Management*, 54: 305–20.

Harvey, D. (1996) *Justice, Nature and the Geography of Difference*, Oxford: Blackwell.

—— (2007) *A Brief History of Neoliberalism*, Oxford: Oxford University Press.

Harvey, F. (2007) "Beware the carbon offsetting cowboys," *Financial Times*. Online. Available HTTP: www.ft.com/cms/s/0/dcdefef6-f350-11db-9845-000b5df10621.html#axzz1LZcGMBTN (accessed 12 September 2009).

Hawkins, K. (1984) *Environment and Enforcement: Regulation and the Social Definition of Pollution*, Oxford: Oxford University Press.

Hayek, F. (1948) *Individualism and Economic Order*, Chicago: University of Chicago Press.

Heclo, H. (1974) *Modern Social Politics in Britain and Sweden*, New Haven, CT: Yale University Press.

Heinelt, H. (2007) "Participatory governance and European democracy," in B. Kohler-Kock and B. Rittberger (eds) *Debating the Democratic Legitimacy of the European Union*, London: Rowman & Littlefield, 217–32.

Helm, C. (2000) *Economic Theories of Environmental Cooperation*, Cheltenham: Edward Elgar.

Helm, D., Smale, R. and Phillips, J. (2007) *Too Good to be True?*, London: Vivid Economics Ltd.

Herod, A., O'Tuathail, G. and Roberts, S. (eds) (1998) *An Unruly World? Globalization, Governance and Geography*, London: Routledge.

Hinchliffe, S. (2001) "Indeterminacy indecisions: science, policy and politics in the BSE crisis," *Transactions of the Institute of British Geographers*, 26: 182–204.

Hobbes, T. (1968) (orig. 1651) *Leviathan*, Harmondsworth: Penguin.

Hodson, M. and Marvin, S. (2007) "Understanding the role of the national exemplar in constructing 'strategic glurbanization,'" *International Journal of Urban and Regional Research*, 31: 303–25.

—— (2009) "Cities mediating technological transitions: understanding visions, intermediation and consequences," *Technology Analysis and Strategic Management*, 21: 515–34.

Hodson, M., Marvin, S. and Hewitson, A. (2008) "Constructing a typology of H2 in cities and regions: an international review," *International Journal of Hydrogen Energy*, 33: 1619–29.

Holling, C. (1973) "Resilience and stability of ecological systems," *Annual Review of Ecology and Systematics*, 4: 1–24.

—— (1993) "Investing in research for sustainability," *Ecological Applications*, 3: 552–55.

—— (2004) "From complex regions to complex worlds," *Ecology and Society*, 9: 11. Online. Available HTTP: www.ecologyandsociety.org/vol9/iss1/art11 (accessed 12 December 2009).

Holston, J. (1999) "Spaces of insurgent citizenship," in J. Holston (ed.) *Cities and Citizenship*, London: Duke University Press, 155–73.

Hoogma, R., Kemp, R., Schot, J. and Truffer, B. (2002) "Experimenting for sustainable transport: the findings from HarmoniCOP European case studies," *Environmental Science and Policy*, 8: 287–99.

Hopkins, R. (2008) *The Transition Handbook: From Oil Dependency to Local Resilience*, Totnes: Green.

Houser, T., Mohan, S. and Heilmayr, R. (2009) *A Green Global Recovery? Assessing US Economic Stimulus and the Prospects for International Coordination*, Policy Brief PB09–3, Washington, DC: World Resources Institute.

Hughes, O. (2003) *Public Management and Administration*, Basingstoke: Palgrave Macmillan.

Hulme, M. (2009) *Why We Disagree About Climate Change: Understanding Controversy, Inaction and Opportunity*, Cambridge: Cambridge University Press.

Humphrey, D. (1996) *Forest Politics: The Evolution of International Cooperation*, London: Earthscan.

Hyden, G. (1992) "Governance and the study of politics," in G. Hyden and M. Bratton (eds) *Governance and Politics in Africa*, Boulder, CO: Lynne Rienner.

IPCC (International Panel on Climate Change) (2007) *Fourth Assessment Report*. Online. Available HTTP: www.ipcc.ch/ (accessed 3 April 2009).

Irwin, A. (1995) *Citizen Science*, London: Routledge.

Jackson, T. (2009) *Prosperity Without Growth: Economics for a Finite Planet*, London: Earthscan.

Janssen, M., Schoon, M., Ke, W. and Börner, K. (2006) "Scholarly networks on resilience, vulnerability and adaptation within the human dimensions of global environmental change," *Global Environmental Change*, 16(3): 240–52.

Jasanoff, S. (2004) "Heaven and Earth: images and models of environmental change," in S. Jasanoff and M. Martello (eds) *Earthly Politics: Local and Global in Environmental Governance*, Cambridge, MA: MIT Press, 31–52.

Jasanoff, S. and Wynne, B. (1998) "Is science socially constructed and can it still inform public policy and decision-making?," in S. Rayner and E. Malone (eds) *Human Choice and Climate Change*, Columbus, OH: Battelle Press, 1–88.

Jenkins, M. (2008) "Mother nature's sum," *Miller-McCune*, 1 (October): 44–53.

Jessop, B. (1994) "Postfordism and the state," in A. Amin (ed.) *PostFordism: A Reader*, Oxford: Blackwell, 251–79.

—— (1999) "The dynamics of partnership and governance failure," in G. Stoker (ed.) *The New Management of British Local Governance*, Basingstoke: Macmillan, 11–32.

—— (2003) "Governance and metagovernance: on reflexivity, requisite variety, and requisite irony," in H. Bang (ed.) *Governance, Governmentality and Democracy*, Manchester: Manchester University Press, 142–72.

John, D. (1994) *Civic Environmentalism: Alternatives to Regulation in States and Communities*, Washington, DC: CQ Press.

John, P. and Cole, A. (2000) "Policy networks and local political leadership in Britain and France," in G. Stoker (ed.) *The New Politics of British Local Governance*, London: Palgrave Macmillan, 72–90.

Jones, C., Hesterly, W. and Borgatti, S. (1997) "A general theory of network governance: exchange conditions and social mechanisms," *Academy of Management Review*, 22: 911–45.

Jones, P. and Evans, J. (2006) "Urban regeneration and the state: exploring notions of distance and proximity," *Urban Studies*, 43: 1491–1509.

—— (2008) *Urban Regeneration in the UK: Theory and Practice*, London: Sage.

Joosten, H. and Couwenberg, J. (2008) "Peatlands and carbon," in F. Parish, A. Sirin, D. Charman, H. Joosten, T. Minayeva, M. Silvius and L. Stringer (eds) *Assessment on Peatlands, Biodiversity and Climate Change: Main Report*, Wageningen, the Netherlands: Global Environment Centre, Kuala Lumpur and Wetlands International, 155–79.

Jordan, A. (2002) *Environmental Policy in the European Union: Actors, Institutions and Processes*, London: Earthscan.

Jordan, A. and Jeppesen, T. (2000) "EU environmental policy: adapting to the principle of subsidiarity?," *European Environment*, 10(2): 64–74.

Jordan, A. and O'Riordan, T. (2003) "Institutions for global environmental change," *Global Environmental Change*, 13: 223–28.

Jordan, A. and Voisey, H. (1998) "The 'Rio Process': the politics and substantive outcomes of 'Earth Summit II,'" *Global Environmental Change*, 8: 93–97.

Jordan, A., Wurzel, R. K. W. and Zito, A. (2003) "Comparative conclusions. 'New' environmental policy instruments: an evolution or a revolution in environmental policy?," *Environmental Politics*, 12(1): 201–24.

Karvonen, A. and Yocum, K. (2011) "The civics of urban nature: enacting hybrid landscapes," *Environment and Planning A*, 43(6): 1305–22.

Kates, R., Clark, W., Corell, R., Hall, J., Jaeger, C. C., Lowe, I., McCarthy, J., Schellhuber, H., Bolin, B., Dickson, N., Faucheux, S., Gallopin, G., Grubler, A., Huntley, B., Jäger, J., Jodha, N., Kasperson, R., Mabogunje, A., Matson, P., Mooney, H., More, III B., O'Riordan, T. and Svedin, U. (2001) "Sustainability science," *Science*, 292: 641–42.

Kemp, R., Parto, S. and Gibson, R. (2005) "Governance for sustainable development: moving from theory to practice," *International Journal of Sustainable Development*, 8: 12–30.

Kemp, R., Rip, A. and Schot, J. (2001) "Constructing transition paths through the management of niches," in R. Garud and P. Karnoe (eds) *Path Dependence and Creation*, Mahwah, NJ: Lawrence Erlbaum Associates, 269–99.

Kemp, R., Rotmans, J. and Loorbach, D. (2007) "Assessing the Dutch energy transition policy: how does it deal with managing dilemmas of managing transition?," *Journal of Environment Policy and Planning*, 9: 315–31.

Kemp, R., Schot, J. and Hoogma, R. (2001a) "Regime shifts to sustainability through processes of niche formation: the approach of strategic niche management," *Technology Analysis and Strategic Management*, 10: 175–96.

Keohane, R. and Nye, J. (eds) (1971) *Transnational Relations and World Politics*. Online. Available HTTP: http://148.201.96.14/dc/ver.aspx? ns=000193531 (accessed 2 May 2010).

Kersbergen, K. and Waarden, F. (2004) "'Governance' as a bridge between disciplines: cross-disciplinary inspiration regarding shifts in governance and problems of governability, accountability and legitimacy," *European Journal of Political Research*, 43: 143–71.

Kickert, W., Klijn, E. and Koppenjan, J. (1999) *Managing Complex Networks: Strategies for the Public Sector*, London: Sage.

Kirsch, D. (2000) *The Electric Vehicle and the Burden of History*, London: Rutgers University Press.

Kjaer, A. (2008) *Governance*, Cambridge: Polity Press.

Klein, N. (2007) *The Shock Doctrine: The Rise of Disaster Capitalism*, New York: Metropolitan Books/Henry Holt.

Klein, R., Schipper, L. and Dessai, S. (2003) "Integrating mitigation and adaptation into climate and development policy: three research questions," Working Paper 40, Norwich: Tyndall Centre for Climate Change Research.

Klijn, E. and Skelcher, C. (2007) "Democracy and governance networks: compatible or not?," *Public Administration*, 85: 587–608.

Kooiman, J. (ed.) (1993) *Modern Governance: New Government–Society Interactions*, London: Sage.

—— (1999) "Social-political governance," *Public Management Review*, 1: 67–92.

—— (2000) "Societal governance: levels, models and orders of social political interaction," in J. Pierre (ed.) *Debating Governance: Authority, Steering and Democracy*, Oxford: Oxford University Press, 138–66.

—— (2003) *Governing as Governance*, London: Sage.

Koontz, T. (2003) "An introduction to the institutional analysis and development framework for forest management research." Paper prepared for the "First Nations and Sustainable Forestry: Institutional Conditions for Success" workshop, University of British Columbia, Vancouver.

Krasner, S. (1983) "Structural causes and regime consequences: regimes as intervening variables," in S. Krasner (ed.) *International Regimes*, Ithaca, NY: Cornell University Press.

Krueger, R. and Savage, L. (2007) "City-regions and social reproduction: a 'place' for sustainable development?," *International Journal of Urban and Regional Research*, 31: 215–23.

Kutting, G. and Lipschutz, R. (2009) *Environmental Governance: Power and Knowledge in a Local-Global World*, London: Routledge.

Kwa, C. (1987) "Representations of nature mediating between ecology and science policy: the case of the International Biological Program," *Social Studies of Science*, 17: 413–42.

Landy, M., Roberts, M. and Thomas, S. (1994) *The Environmental Protection Agency: Asking the Wrong Questions, From Nixon to Clinton, Expanded Edition*, New York: Oxford University Press.

Landy, M. and Rubin, C. (2001) *Civic Environmentalism: A New Approach to Policy*, Washington, DC: George Marshall Institute.

Latour, B. (1993) *We Have Never Been Modern*, London: Harvester Wheatsheaf.

Leichenko, R., O'Brien, K. and Solecki, W. (2010) "Climate change and the global financial crisis: a case of double exposure," *Annals of the Association of American Geographers*, 100(4): 963–72.

Lenton, T., Held, H., Kriegler, E., Hall, J., Lucht, W., Rahmstork, S. and Joachim Schellnhuber, H. (2008) "Tipping elements in the Earth's climate system," *Proceedings of the National Academy of Sciences*, 105: 1786–93.

Lessig, L. (2001) *The Future of Ideas: The Fate of the Commons in a Connected World*, New York: Random House.

Levin, K., Cashore, B., Bernstein, S. and Auld, G. (forthcoming) *Playing It Forward: Path Dependency, Progressive Incrementalism, and the "Super Wicked" Problem of Global Climate Change*.

Levin, S. (1998) "Ecosystems and the biosphere as complex adaptive systems," *Ecosystems*, 1: 431–36.

Levin, S., Barrett, S., Aniyar, S., Baumol, W., Bliss, C., Bolin, B., Dasgupta, P., Ehrlich, P., Folke, C., Gren, I., Holling, C., Jansson, A., Jansson, B., Mäler, K., Martin, D., Perrings, C. and Sheshinski, E. (1998) "Resilience in natural and socio-economic systems," *Environment and Development Economics*, 3: 222–35.

Lindblom, C. (1979) "Still muddling, not yet through," *Public Administration Review* (November/December): 517–26.

Lipschutz, R. (1996) *Global Civil Society and Global Environmental Governance: The Politics of Nature from Place to Planet*, New York: State University of New York Press.

Litfin, K. (1994) *Ozone Discourses: Science and Politics in Global Environmental Cooperation*, New York: Columbia University Press.

Lodefalk, M. and Whalley, J. (2002) "Reviewing proposals for a world environmental organisation," *The World Economy*, 25(5): 601–17.

Lohmann, L. (2006), "Carbon trading: a critical conversation on climate change, privatisation and power," *Development Dialogue*, 48 (September): 73.

Lomborg, B. (ed.) (2007) *Smart Solutions to Climate Change: Comparing Costs and Benefits*, Cambridge: Cambridge University Press.

Lowe, P. and Ward, S. (eds) (1998) *British Environmental Policy and Europe: Politics and Policy in Transition*, London: Routledge.

Lowndes, V. (1996) "Varieties of new institutionalism: a critical appraisal," *Public Administration*, 74: 181–97.

—— (2001) "Rescuing Aunt Sally: taking institutional theory seriously in urban politics," *Urban Studies*, 38: 1953–71.

Lowndes, V. and Skelcher, C. (1998) "The dynamics of multiorganizational partnerships: an analysis of changing modes of governance," *Public Administration*, 76: 313–33.

Luke, T. (1994) "Worldwatching as the limits to growth," *Capitalism, Nature, Socialism*, 5: 43–64.

—— (1999) "Environmentality as governmentality," in E. Darier (ed.) *Discourses of the Environment*, Oxford: Blackwell, 121–51.

Lytle, M. (2007) *The Gentle Subversive: Rachel Carson,* Silent Spring, *and the Rise of the Environmental Movement*, New York: Oxford University Press.

Macchiavelli, N. (1992) *The Prince*, London: W. W. Norton.

Malthus, T. (1970) (orig. 1798) *An Essay on the Principal of Population*, London: Penguin Books.

Mansfield, B. (2006) "Assessing market-based environmental policy using a case study of North Pacific fisheries," *Global Environmental Change*, 16: 29–39.

March, J. and Olsen, J. (1984) "The new institutionalism: organizational factors in political life," *The American Political Science Review*, 74: 734–49.

Masdar City (2010) Masdar City Website. Available HTTP: www.masdarcity.ae (accessed 21 March 2010).

McCormick, J. (1991) *British Politics and the Environment*, London: Earthscan.

—— (2005) "The role of environmental NGOs in international regimes," in N. Vig and R. Axelrod (eds) *The Global Environment: Institutions, Law and Policy*, London: Earthscan, 52–71.

McIlgorm, A., Hanna, S., Knapp, G., Le Floc'H, P., Milled, F. and Pan, M. (2010) "How will climate change alter fishery governance? Insights from seven international case studies," *Journal of Marine Policy*, 32: 170–77.

McKibben, B. (2007) *Deep Economy: The Wealth of Communities and the Durable Future*, New York: Times Books.

McKinsey and Company (2009) "Pathways to a low carbon economy: version 2 of the global abatement cost-curve." Online. Available HTTP: www.mckinsey.com/globalGHGcostcurve (accessed 27 November 2010).

Meadowcroft, J. (2009) "What about the politics? Sustainable development, transition management, and long term energy transitions," *Policy Science*, 42: 323–40.

Meadows, D. (1972) *The Limits to Growth: A Report for the Club of Rome Project on the Predicament of Mankind*, New York: Universe Books.

Meinshausen, M. (2006) "What does a 2°C target mean for greenhouse gas concentrations? A brief analysis based on multi-gas emission pathways and several climate sensitivity uncertainty estimates," in H. Schellnhuber, W. Cramer, N. Nakicenovic, T. Wigley and G. Yohe (eds) *Avoiding Dangerous Climate Change*, Cambridge: Cambridge University Press, 265–79.

Mitchell, R. (2010) *International Environmental Agreements Database Project (Version 2010.2)*. Online. Available HTTP: http://iea.uoregon.edu/ (accessed 8 September 2010).

Mol, A. (1995) *The Refinement of Production: Ecological Modernisation Theory and the Chemical Industry*, Utrecht, the Netherlands: van Arkel.

Moneva, J. and Archel, J. (2006) "GRI and the camouflaging of corporate unsustainability," *Accounting Forum*, 30: 121–37.

Moody-Stuart, M. (2008) *Society Depends on More for Less*. Online. Available HTTP: http://news.bbc.co.uk/1/hi/sci/tech/7218002 (accessed 14 September 2010).

Morley, D. and Robins, K. (1995) *Spaces of Identity: Global Media, Electronic Landscapes and Cultural Boundaries*, London: Routledge.

Myers, N. and Golubiewski, N. (2007) "Perverse subsidies," in C. Cleveland (ed.) *Encyclopedia of Earth*, Washington, DC: Environmental Information Coalition, National Council for Science and the Environment.

Myers, N. and Kent, J. (2001) *Perverse Subsidies: Tax $s Undercutting Our Economies and Environments Alike*, Washington, DC: Island Press.

Najam, A. (2003) "The case against a new international environmental organization," *Global Governance*, 9(3): 367–84.

Najam, A., Huq, S. and Sokona, Y. (2003) "Climate negotiations beyond Kyoto: developing countries' concerns and interests," *Climate Policy*, 3: 221–31.

Nash, L. (2006) *Inescapable Ecologies*, Los Angeles: University of California Press.

Newman, L. and Dale, A. (2005) "Network structure, diversity, and proactive resilience building: a response to Tompkins and Adger," *Ecology and Society*, 10. Online. Available HTTP: www.ecologyandsociety.org/vol10/iss1/resp2 (accessed 15 February 2011).

Nordquist, J. (2006) *Evaluation of Japan's Top Runner Programme*. Online. Available HTTP: www.aidee.org/ (accessed 17 September 2010).

North, D. and Weingast, B. (1989) "Constitutions and commitment: the evolution of institutional governing public choice in seventeenth century England," *The Journal of Economic History*, 49(4): 803–32.

Oberthür, S. and Gehring, T. (2004) "Reforming international environmental governance: an institutionalist critique of the proposal for a World Environmental Organisation," *Politics, Law and Economics*, 4: 359–81.

Oberthür, S. and Ott, H. (1999) *The Kyoto Protocol: International Climate Policy for the 21st Century*, Berlin: Springer Verlag.

OECD (2010) *International Development Statistics* (IDS) online databases on aid and other resource flows. Online. Available HTTP: http://blds.ids.ac.uk/elibrary/db_stats.html (accessed 22 November 2010).

O'Neill, B. and Oppenheimer, M. (2002) "Climate change: dangerous climate impacts and the Kyoto Protocol," *Science*, 296: 55–75.

O'Neill, J. (2007) *Markets, Deliberation, and Environment*, New York: Routledge.

Ostrom, E. (1990) *Governing the Commons: The Evolution of Institutions for Collective Action*, Cambridge: Cambridge University Press.

Ostrom, E., Gardner, R. and Walker, J. (1994) *Rules, Games, and Common Pool Resources*, Ann Arbor: University of Michigan Press.

Owens, S. and Driffil, L. (2008) "How to change attitudes and behaviours in the context of energy," *Energy Policy*, 36: 4412–18.

Pahl-Wostl, C. (2007) "Transition towards adaptive management of water facing climate and global change," *Water Resources Management*, 21(1): 49–62.

Park, J., Conca, K. and Finger, M. (eds) (2008) *The Crisis of Global Environmental Governance*, London: Routledge.

Parker, C., Mitchell, A., Trivedi, M. and Mardas, M. (2008) *The Little REDD Book: A Guide to Governmental and Non-governmental Proposals for Reducing Emissions from Deforestation and Degradation*, Oxford: Global Canopy Foundation. Online. Available HTTP: www.amazonconservation.org/pdf/redd_the_little_redd_book_dec_08.pdf (accessed 17 April 2011).

Parreno, J. (2007) "Does the current Clean Development Mechanism (CDM) deliver its sustainable development claim? An analysis of officially registered CDM projects," *Climatic Change*, 84(1): 75–90.

Pattberg, P. and Stripple, J. (2008) "Beyond the public and private divide: remapping transnational climate governance in the 21st century," *International Environmental Agreements: Politics, Law and Economics*, 8: 367–88.

Perkins, R. (2003) "Environmental leapfrogging in developing countries: a critical assessment and reconstruction," *Natural Resources Forum*, 27: 177–88.

Perrings, C. (1998) "Resilience in the dynamics of economy–environment systems," *Environmental and Resource Economics*, 11: 503–20.

Petts, J. (1995) "Waste management strategy development: a case study of community involvement and consensus-building in Hampshire," *Journal of Environmental Planning and Management*, 38: 519–36.

—— (ed.) (1999) *Handbook of Environmental Impact Assessment. Volume 1, Environmental Impact Assessment: Process, Methods and Potential*, Oxford: Blackwell.

—— (2006) "Managing public engagement to optimize learning: reflections from urban rivers," *Human Ecology Review*, 13: 172–81.

Pielke, R. Jr (2005) "Misdefining 'climate change': consequences for science and action," *Environmental Science and Policy*, 8: 548–61.

Pierre, J. (2000) "Introduction: understanding governance," in J. Pierre (ed.) *Debating Governance*, Oxford: Oxford University Press, 112.

Pierre, J. and Peters, G. (2000) *Governance, Politics and the State*, London: Macmillan Press.

Pierre, J. and Stoker, G. (2002) "Toward multi-level governance," in
P. Dunleavy, A. Gamble, R. Heffernan, I. Holliday and G. Peele (eds)
Developments in British Politics 6, Basingstoke: Palgrave.

Pierson, P. and Skocpol, T. (2002) "Historical institutionalism in contemporary
political science," in I. Katznelson and H. Miller (eds) *Political Science:
State of the Discipline*, New York: Norton, 693–721.

Pincetl, S. (2010) "From the sanitary city to the sustainable city: challenges to
institutionalizing biogenic (nature's services) infrastructure," *Local
Environment*, 15: 43–58.

Polanyi, K. (1944) *The Great Transformation: The Political and Economic
Origins of Our Time*, Boston: Beacon Press.

Pollin, R., Garrett-Peltier, H., Heintz, J. and Scharber, H. (2008) *Green
Recovery: A Program to Create Good Jobs and Start Building a Low-
carbon Economy*, Washington, DC: Center for American Progress.

Powell, W. (1991) "Neither market nor hierarchy: network forms of
organisation," in G. Thompson, J. Frances, R. Levacic and J. Mitchell (eds)
Markets, Hierarchies and Networks: The Coordination of Social Life,
London: Sage.

Prell, C., Hubacek, K., Quinn, C. and Reed, M. (2009) "'Who's in the
network?' When stakeholders influence data analysis," *Systemic Practice and
Action Research*, 21: 443–58.

Prell, C., Hubacek, K. and Reed, M. (2007) *Stakeholder Analysis and Social
Network Analysis in Natural Resource Management*, Sustainability Research
Institute Papers 6, Leeds: University of Leeds.

Princen, T., Finger, M. and Manno, J. (1994) "Translational linkages," in
T. Princen and M. Finger (eds) *Environmental NGOs in World Politics*,
London: Routledge, 217–36.

Provan, K. G. and Kenis, P. (2008) "Modes of network governance: structure,
management, and effectiveness," *Journal of Public Administration Research
and Theory*, 12(2): 229–52.

Pucher, J. (2007) "Case studies of cycling in Amsterdam, The Netherlands,"
New Brunswick, NJ: Rutgers University, Center for Urban and Economic
Research, Working Paper.

Ramus, C. and Montiel, I. (2005) "When are corporate environmental policies
a form of greenwashing?," *Business and Society*, 44(4): 377–414.

Rancière, J. (2007) *On the Shores of Politics* (translated by Liz Heron), London:
Verso.

Raudsepp-Hearne, C., Peterson, G., Tengö, M., Bennett, E., Holland, T.,
Benessaiah, K., Macdonald, G. and Pfeifer, L. (2010) "Untangling the
environmentalists' paradox: why is human well-being increasing as
ecosystem services degrade?" *Bioscience*, 60(8): 576–89.

Redman, C. L. and Kinzig, A. P. (2003) "Resilience of past landscapes:
resilience theory, society, and the *longue durée*," *Conservation Ecology*,
7(1): 14. Online. Available HTTP: www.consecol.org/vol7/iss1/art14
(accessed 12 October 2009).

Redman, C., Morgan Grove, J. and Kuby, L. (2004) "Integrating social science into the Long Term Ecological Research (LTER) network: social dimensions of ecological change and ecological dimensions of social change," *Ecosystems*, 7(2): 161–71.

REN21 (2010) *About REN21*. Online. Available HTTP: www.ren21.net/ren21/default.asp (accessed 8 May 2010).

Renn, O. (1999) "A model for an analytic deliberative process in risk management." *Environmental Science and Techology*, 33: 3049–55.

Renn, O., Webler, T. and Wiedemann, P. (eds) (1995) *Fairness and Competence in Citizen Participation: Evaluating Models for Environmental Discourse*, Dordrecht, the Netherlands: Kluwer.

Rhodes, R. (1996) "The new governance: governing without government," *Political Studies*, 44(4): 652–67.

—— (ed.) (1997) *Understanding Governance: Policy Networks, Governance, Reflexivity and Accountability*, Buckingham: Open University Press.

Rhodes, R. and Marsh, D. (1992) "Policy networks in British politics," in D. Marsh and R. Rhodes (eds) *Policy Networks in British Government*, Oxford: Clarendon Press.

Rice, J. (2010) "Climate, carbon and territory: greenhouse gas mitigation in Seattle, Washington," *Annals of the Association of American Geographers*, 100(4): 929–37.

Rip, A. and Kemp, R. (1998) "Technological Change," in S. Raynor and E. Malone (eds) *Human Choice and Climate Change, Vol. 2.*, Columbus, OH: Batelle Press, 327–99.

Risse-Kappen, T. (1995) *Bringing Transnational Relations Back In: Non-state Actors, Domestic Structures, and International Institutions*, Cambridge: Cambridge University Press.

Rittel, H. and Webber, M. (1973) "Dilemmas in a general theory of planning," *Policy Sciences*, 4: 155–69.

Robertson, M. (2004) "The neoliberalization of ecosystem services: wetland mitigation banking and problems in environmental governance," *Geoforum*, 35(3): 361–73.

Rose, A. (1998) "Viewpoint. Global warming policy: who decides what is fair?," *Energy Policy*, 26(1): 1–3.

Rosenau, J. (1995) "Governance in the twenty-first century," *Global Governance*, 1: 13–43.

Rotmans, J., Kemp, R. and van Asselt, M. (2001) "More evolution than revolution: transition management in public policy," *Foresight*, 3(1): 15–31.

Royal Society (2009) *Geoengineering the Climate: Science, Governance and Uncertainty*, London: The Royal Society.

Ruggie, J. (2004) "Reconstituting the global public domain: issues, actors, and practices," *European Journal of International Relations*, 10(4): 499–531.

Rutherford, P. (1999) "The entry of life into history," in E. Darier (ed.) *Discourses of the Environment*, Oxford: Blackwell, 37–62.

Rutherford, S. (2007) "Green governmentality: insights and opportunities in the study of nature's rule," *Progress in Human Geography*, 31(3): 291–307.

Rydin, Y. (2007) "Indicators as a governmentality technology? The lessons of community-based sustainability indicator projects," *Environment and Planning D*, 25(4): 610–24.

—— (2010) *Governing for Sustainable Urban Development*, London: Earthscan.

Sachs, W. (1999) *Planet Dialectics: Explorations in Environment and Development*, New York: Zed Books.

Sagoff, M. (2004) *Price, Principle, and the Environment*, Cambridge: Cambridge University Press.

Saunier, R. and Meganck, R. (2009) *Dictionary and Introduction to Global Environmental Governance*, London: Earthscan.

Sayre, N. (2005) "Ecological and geographical scale: parallels and potential for integration," *Progress in Human Geography*, 29: 276–90.

Scheffer, M., Westley, F. and Brock, W. (2002) "Dynamic interaction of societies and ecosystems: linking theories from ecology, economy, and sociology," in L. Gunderson and C. Holling (eds) *Panarchy: Understanding Transformations in Human and Natural Systems*, Washington, DC: Island Press, 195–240.

Schlager, E. (1999) "A comparison of frameworks, theories, and models of policy processes," in P. Sabatier (ed.) *Theories of the Policy Process*, Boulder, CO: Westview Press.

Schmitter, P. (2002) "Participation in governance arrangements: is there any reason to expect it will achieve 'sustainable and innovative policies in a multi-level context'?," in G. Jürgen and B. Gbikpi (eds) *Participatory Governance: Political and Societal Implications*, Opladen, Germany: Leske & Budrich, 51–70.

Sen, A. (1992) *Inequality Reexamined*, Cambridge, MA: Harvard University Press.

Sepkoski, J. (1997) "Biodiversity: past, present and future," *Journal of Paleontology*, 71: 533–39.

Seyfang, G. (2003) "Environmental megaconferences: from Stockholm to Johannesburg and beyond global," *Environmental Change*, 13: 223–28.

—— (2006) "Ecological citizenship and sustainable consumption: examining local organic food networks," *Journal of Rural Studies*, 22: 383–95.

Seyfang, G. and Jordan, A. (2002) "'Mega' environmental conferences: vehicles for effective, long term environmental planning?," in S. Stokke and O. Thommesen (eds) *Yearbook of International Cooperation on Environment and Development*, London: Earthscan, 19–26.

Shackley, S., Young, P., Parkinson, S. and Wynne, B. (1998) "Uncertainty, complexity, and concepts of good science in climate change modeling: are GCMs the best tools?," *Climatic Change*, 38: 159–205.

Shogren, J. (1998) "Into the wilderness within," *Environment and Development Economics*, 3(2): 221–62.

Shove, E. (2003) *Comfort, Cleanliness and Convenience: The Social Organisation of Normality*, Oxford: Berg.

Simmons, P. (1998) "Learning to live with NGOs," *Foreign Policy*, Fall: 82–96. Online. Availible HTTP: www.globalpolicy.org/component/content/article/177/31607.html (accessed 18 May 2010).

Smil, V. (2002) "Nitrogen and food production: proteins for human diets," *Ambio*, 31: 126–31.

Smith, A. (2010) "Community-led urban transitions and resilience: performing transition towns in a city," in H. Bulkeley, V. Castán Broto, M. Hodson and S. Marvin (eds) *Cities and Low Carbon Transitions*, London: Routledge.

Sneddon, C. (2002) "Water conflicts and river basins: the contradictions of co-management and scale in Northeast Thailand," *Society and Natural Resources*, 15(8): 725–41.

Solow, R. (1974) "The economics of resources or the resources of economics: Richard T. Ely Lecture," *American Economic Review*, May: 1–14.

Sorensen, E. and Torfing, J. (eds) (2007) *Theories of Democratic Governance*, Basingstoke: Palgrave Macmillan.

Spaargaren, G. (1997) *The Ecological Modernisation of Production and Consumption. Essays in Environmental Sociology*, Wageningen, the Netherlands: Wageningen University.

Speth, J. and Haas, P. (2006) *Global Environmental Governance*, Washington, DC: Island Press.

Stern, N. (2009) *A Blueprint for a Safer Planet: How to Manage Climate Change and Create a New Era of Progress and Prosperity*, London: Bodley Head.

Stern, N., Peters, S., Bakhshi, V., Bowen, A., Cameron, C., Catovsky, S., Crane, D., Cruickshank, S., Dietz, S. and Edmonson, N. (2006) *Stern Review: The Economics of Climate Change*, London: HM Treasury.

Stern, P. and Fineberg, H. (1996) *Understanding Risk: Informing Decisions in a Democratic Society*, Washington, DC: National Academy Press.

Steward, F. (2008) *Breaking the Boundaries: Transformative Innovation for the Global Good*, London: National Endowment for Science, Technology and the Arts.

Stirling, A. (1998) "Risk at a turning point?," *Journal of Risk Research*, 1(2): 97–109.

Stoker, G. (1998) "Governance as theory: five propositions," *International Social Science Journal*, 50(155): 17–28.

Stokes, S., Friscia, T. and O'Marah, K. (2008) "Turning the White House into a greenhouse," Alert Article, *AMR Research*. Online. Available HTTP: www.amr.com (accessed 3 March 2009).

Stroup, R. (2003) *Eco-Nomics: What Everyone Should Know About Economics and the Environment*, Washington, DC: Cato Institute.

Sustainable Development Commission (2009) *Prosperity Without Growth? The Transition to a Sustainable Economy.* Online. Available HTTP: www.sd-commission.org.uk/publications.php?id=914 (accessed 3 March 2009).

Swyngedouw, E. (2007) "Impossible sustainability and the post-political condition," in R. Krueger and D. Gibbs (eds) *The Sustainable Development Paradox: Urban Political Economy in the US and Europe*, New York: Guilford Press, 13–40.

Taylor, M. (2007) "Community participation in the real world: opportunities and pitfalls in new governance spaces," *Urban Studies*, 44: 297–317.

Taylor, P. and Buttel, F. (1992) "How do we know we have Global Environmental Problems? Science and the globalization of environmental discourse," *Geoforum*, 23(3): 405–16.

Thomas, D. and Middleton, N. (1994) *Desertification: Exploding the Myth*, Chichester: Wiley.

Thornes, J. and Randalls, S. (2007) "Commodifying the atmosphere: pennies from heaven?," *Physical Geography*, 89(4): 273–85.

Tickell, O. (2008) *Kyoto 2: How to Manage the Global Greenhouse*, London: Zed Books.

Tienhaara, K. (2009) *The Expropriation of Environmental Governance: Protecting Foreign Investors at the Expense of Public Policy*, Cambridge: Cambridge University Press.

Tippett, J., Searle, B., Pahl-Wosti, C. and Rees, Y. (2005) "Social learning in public participation in river basin management: early findings from HarmoniCOP European case studies," *Environmental Science and Policy*, 8(3): 287–99.

Uggla, Y. (2008) "What is this thing called 'natural'? The nature–culture divide in climate change and biodiversity policy," *Journal of Political Ecology*, 17: 79–91.

UNEP, SustainAbility, and Standard & Poor (2004) *Risks and Opportunities; Best Practice in Nonfinancial Reporting.* Online. Available HTTP: http://hqweb.unep.org/Documents.Multilingual/Default.asp?DocumentID=412&ArticleID=4653&l=en (accessed 7 November 2010).

UNFCCC (2001) "Decision 17/CP.7 Modalities and procedures for a Clean Development Mechanism as defined in Article 12 of the Kyoto Protocol." Online. Available HTTP: http://unfccc.int/resource/docs/cop7/13a02.pdf (accessed 15 January 2011).

United Nations (1992) *Earth Summit Agenda 21: The United Nations Programme of Action from Rio*, New York: United Nations Department of Public Information.

—— (2002) *Report of the World Summit on Sustainable Development, Johannesburg*, A/CONF.199/20, New York: United Nations.

—— (2004) *Global Compact.* Online. Available HTTP: www.unglobalcompact.org/ (accessed 2 October 2009).

United States Geological Survey (2007) *Sea Level Rise*. Online. Available HTTP: http://cegis.usgs.gov/sea_level_rise.html (accessed 24 November 2010).

Unruh, G. and Carillo-Hermosilla, J. (2006) "Globalizing carbon lock-in," *Energy Policy*, 34(10): 1185–97.

Uzzi, B. (1997) "Social structure and competition in interfirm networks: the paradox of embeddedness," *Administrative Science Quarterly*, 42: 35–67.

Verheyen, R. (2002) "Adaptation to the impacts of anthropogenic climate change: the international legal framework," *Review of European Community and International Environmental Law*, 11(2): 129–43.

Vis, M., Klijn, F., de Bruijn, K. and Buuren, M. (2003) "Resilience strategies for flood risk management in the Netherlands," *International Journal of River Basin Management*, 1: 33–40.

Vogel, D. (2006) *The Market for Virtue: The Potential and Limits of Corporate Social Responsibility*, Washington, DC: Brookings Institution Press.

Walker, B., Carpenter, S., Anderies, J., Abel, N., Cumming, G., Janssen, M., Lebel, L., Norberg, J., Peterson, G. and Pritchard, R. (2002) "Resilience management in social ecological systems: a working hypothesis for a participatory approach," *Conservation Ecology*, 6(1): 14.

Walker, B., Holling, C. S., Carpenter, S. R. and Kinzig, A. (2004) "Resilience, adaptability and transformability in social–ecological systems," *Ecology and Society*, 9(2): 5.

Walker, J. (2009) "The strange evolution of Holling's resilience, or the resilience of economics and the eternal return of infinite growth." Paper presented at "Cities, Nature. Justice," University of Technology, Sydney, February 2009.

Wang, T. and Watson, J. (2007) "Who owns China's carbon emissions?," Tyndall Briefing Note no. 23. Online. Available HTTP: http://tyndall.webapp1.uea.ac.uk/publications/briefing_notes/bn23.pdf (accessed 1 April 2008).

Warren, R., (2006) "Impacts of global climate change at different annual mean global temperature increases," in H. Schellnhuber, W. Cramer, N. Nakicenovic, T. Wigley and G. Yohe (eds) *Avoiding Dangerous Climate Change*, Cambridge: Cambridge University Press, 93–131.

Weart, S. (2008) *The Discovery of Global Warming*, Cambridge, MA: Harvard University Press.

Weather Risk Management Association (2010) *Trading Weather Risk*. Online. Available HTTP: www.wrma.org/risk_trading.html (accessed 12 March 2011).

Weber, N. and Christopherson, T. (2002) "The influence of nongovernmental organisations on the creation of Natura 2000 during the European Policy Process," *Forest Policy and Economics*, 4(1): 1–12.

Webler, T., Kastenholz, H. and Renn, O. (1995) "Public participation in impact assessment: a social learning perspective," *Environmental Impact Assessment Review*, 15: 443–63.

Webster, K. and Johnson, C. (2008) *Sense and Sustainability: Educating for a Low Carbon World*, Yorkshire: TerraPreta.

Weisman, A. (2007) *The World Without Us*, New York: St Martin's Press.

Welford, R. and Starkey, R. (1996) *The Earthscan Reader in Business and the Environment*, London: Earthscan.

White, I. and Howe, J. (2003) "Planning and the European Union Water Framework Directive," *Journal of Environmental Planning and Management*, 46: 62–131.

Whitehead, A. (1948) *Science and the Modern World*, New York: Mentor.

Willetts, P. (2002) *What is a "Nongovernmental Organization?" Output from the Research Project on Civil Society Networks in Global Governance*. Online. Available HTTP: www.staff.city.ac.uk/p.willetts/index.htm (accessed 28 October 2010).

World Bank (2004) *Corporate Social Responsibility and Labor*. Online. Available HTTP: www.worldbank.org/privatesector (accessed 5 December 2010).

World Commission on Environment and Development (1987) *Brundtland Report: Our Common Future*, Oxford: Oxford University Press.

Worster, D. (1977) *Nature's Economy: A History of Ecological Ideas*, New York: Sierra Club Books.

Wynne, B. (1996) "May the sheep safely graze? A reflexive view of the expert/lay knowledge divide," in S. Lash, B. Szerszynski and B. Wynne (eds) *Risk, Environment and Modernity: Towards a New Ecology*, London: Sage, 44–83.

Young, O. (1982) *Resource Regimes: Natural Resources and Social Institutions*, Berkeley: University of California Press.

—— (2008) "The architecture of global environmental governance: bringing science to bear on policy," *Global Environmental Politics*, 8(1): 14–32.

Young, S. (2000) "The origins and evolving nature of ecological modernisation," in S. Young (ed.) *The Emergence of Ecological Modernisation*, London: Routledge, 1–40.

Zizek, S. (2008) *In Defence of Lost Causes*, London: Verso.

索　引①

Page numbers in *Italics* represent tables.
Page numbers in **Bold** represent figures.
Page numbers followed by b represent box.

---

① 　为方便读者查阅，本书按原版复制索引，其中页码为原书页码。

译 后 记

　　毫无疑问，人文社科领域的环境治理研究已迎来前所未有的发展机遇。越来越多的人意识到，生态环境的善治仅靠传统的工程技术远远不够。环境问题的解决需要多元主体的共同参与和共同"治理"。所以当我接到此书的翻译任务时，内心充满了期待。尽管本人长期在地理学领域从事与环境问题有关的研究工作，也试图在环境社会学领域做过学习和研究的尝试，但对根植于政治学和管理学的"治理"及"治理术"终究道行不深。适逢我校MPA研究中心新开"资源环境治理理论"课程，本人担任了一些教学任务，因此，我把翻译本书看成一次难得的学习机会。

　　不得不承认，当带着这些功利的目标去翻译英国曼彻斯特大学学者詹姆斯·埃文斯(J. P. Evans)的《环境治理》一书时，内心略感不足。尽管埃文斯提笔写书的初衷之一，也是为了更新自己的教学课件，但是他与我们不一样，他生活在空气、水和土壤环境已基本得到善治的今日英国，因此埃文斯更切身的感受，是全球变化引发的气候和天气变化带来的焦虑。正如他在前言中坦言："那是2009年初夏的一个雨天，我正盯着窗外，思考该如何修改自己教的'环境治理理论'这门课程的一个模块。我当时认为它就像全球气候对话一样，已经很不适用，到了亟待修改的地步。我还在思索为何7月的英国还在下雨，窗外的雨水却已汇成小河，气候变化也让我感到行动的紧迫性。"正是在那样的情境之下，他开始了本书的创作。所以，《环境治理》一书的焦点是基于对全球气候变化治理的思考，而非今日中国民众更广泛关注的空气、水、土壤等多元环境要素污染的治理。

　　因此全书的理论选择、案例研究、重大争论与治理分析绝大部分与全球气候变化有关。加之作者对相关领域前人研究的广泛征引，使该书几乎可被视为全球变化治理领域一本极佳的教科书和工具书。但是，这并不意味着该书对环境治理的其他领域没有多大的参考意义。恰恰相反，作者对环境治理的概述、集体行动的挑战、公地悲剧、公众参与等这些环境治理领域最基本和最重要内容的阐释,以及当下环境治理理论中最热门的一系列理论,如行动者网络理论、网络治理模式、市场治理模型、转型管理与适应性治理等都有很高的参考价值。而且本书每章的开头都有明确的学习目标、文后有思考问题和阅读材料,可方便阅读者更好地使用该书,尤其方便教学人员安排教学内容。

全书除第三至第七章由韩雪提供翻译初稿外,其余皆由石超艺翻译和整理。译书的这十个月得到了爱人石新泓的大力支持。遥想当年我们一起在复旦攻读硕博学位时基本靠翻译解决生计问题,还能略有余力支持家中老幼。往事历历,一路甘苦,令人感慨。

内 容 提 要

  本书以环境治理领域中人类共同关注的重大议题——全球气候变化为中心，从国际的视野出发，以教科书的形式对环境治理的基本概念、重要内容与重要理论进行了阐述。本书的主要内容包括环境治理基本概念，环境治理制度、规则、行动者与全球治理等基本知识，以及网络型治理模式、市场治理模式、转型管理与适应型治理等基本理论。全书提纲挈领、案例丰富、深入浅出、易读易懂，同时对近年来学术界在环境治理领域的相关研究把握良好，信息量大。因此本书既可作为相关专业本科生与研究生的基本教材，也适用于环境治理相关领域研究者的学习和参考。